AF462515

GUIDE

DU PISCICULTEUR.

PARIS, IMPRIMERIE DE J.-B. GROS,
rue des Noyers, 74.

GUIDE

DU

PISCICULTEUR

d'après des notes et des documents fournis

PAR

J. REMY,

Pêcheur de la Bresse,

RECUEILLIS, RÉDIGÉS ET PUBLIÉS

PAR

Le Dr HAXO, d'Épinal,

Secrétaire perpétuel de la Société d'Émulation des Vosges.

PARIS

LIBRAIRIE CENTRALE D'AGRICULTURE ET DE JARDINAGE

QUAI DES GRANDS-AUGUSTINS, 41.

— **Auguste GOIN, éditeur** —

1854

INTRODUCTION.

Quoiqu'il soit encore bien nouveau en France, l'art de créer du poisson vivant a été présenté comme y étant déjà connu depuis longtemps. Les discussions qu'il a occasionnées, la controverse dont il a été l'objet, semblent en effet le revêtir d'un vernis d'ancienneté qui peut tromper, jusqu'à un certain point, l'opinion publique sur la véritable époque à laquelle il faut rapporter sa découverte, et la mise en lumière des procédés et des méthodes qui composent ce que l'on appelle aujourd'hui la *pisciculture*. Mais si la polémique à laquelle a donné lieu la fécondation artificielle des œufs de poissons, polémique quelquefois si animée, a pu donner, pendant quelque temps, le change sur sa véritable origine et sur les circonstances qui se rattachent aux travaux des premiers pisciculteurs qui y ont eu recours pour parer au dépeuplement des cours d'eau, elle a du moins servi à prouver tout l'intérêt que fait naître cette question, et l'importance qu'y attachent avec raison les hommes qui, y voyant autre chose qu'une vaine théorie scientifique, l'envisagèrent dès le principe comme un remède efficace à l'appauvrissement des fleuves et des rivières par la destruction toujours croissante du poisson.

Mon intention n'est pas de revenir sur les débats qui ont eu lieu à propos de la *fécondation artificielle*. Qu'au point de vue scientifique elle ne date pas de notre siècle, personne ne peut plus raisonnablement le contester; et quant à moi, je n'ai jamais éprouvé le moindre embarras à reconnaître que les travaux de Golstein et de Jacobi, bien antérieurs à tous autres, doivent être pris en sérieuse considération et considérés comme la véritable origine du côté scientifique de la question. Mais on m'accordera aussi que ces travaux, si vantés aujourd'hui, avaient été entièrement perdus de vue par ceux même qui ont voulu s'en faire une arme pour disputer au pêcheur Remy, l'honneur d'avoir retrouvé, *seul et sans guide*, un procédé dont ils paraissent avoir ignoré l'existence jusqu'au moment où le Mémoire de M. de Quatrefages est venu les mettre sur la voie des premiers travaux entrepris dans le but de reproduire artificiellement du poisson.

Ainsi donc, il ressort aujourd'hui clairement de toute cette discussion que si Golstein et Jacobi ont été les premiers qui se soient occupés de la solution du problème de la fécondation artificielle, ils ne l'ont fait qu'au point de vue purement scientifique, et que c'est à J. Remy, simple pêcheur d'une obscure vallée des Vosges, que revient tout entier l'honneur de l'avoir résolu au point de vue pratique, du moins en France, et d'avoir le premier obtenu de ses essais des résultats qui permettent de considérer la question comme entièrement résolue et passée dans le domaine des faits accomplis.

C'est en vain qu'on essaierait encore de contester cette vérité ; elle est aujourd'hui trop bien établie pour être le moins du monde ébranlée par le sophisme ou la mauvaise foi. La discussion longue, on peut même dire passionnée, qui s'est élevée à ce sujet, n'a servi qu'à rendre son triomphe plus éclatant, et désormais la véritable origine de la *pisciculture* ne peut plus être ni méconnue ni contestée.

C'est pour constater ce fait, c'est pour dégager les véritables termes de la question des obscurités dont la science spéculative s'est efforcée de les entourer, que j'ai entrepris de faire connaître plus explicitement les procédés de Remy, les perfectionnements qui y ont été apportés, les modifications qu'ils ont subies, et de tracer ici les règles que doivent suivre les personnes qui voudraient se livrer sérieusement à l'étude de la pisciculture.

Le temps est venu, d'ailleurs, de faire entrer cette question dans la voie des applications utiles, dont elle a été si étrangement détournée jusqu'ici par des hommes qui semblent n'y avoir vu qu'une matière à exploiter à leur profit exclusif, ou qu'un moyen propre à fixer sur eux l'attention publique, émerveillée de prime abord par les récits fabuleux auxquels ont donné lieu les premiers essais de fécondation artificielle.

Il est bon de rendre aux choses leur véritable signification, et de leur attribuer la valeur qui leur est propre. Par des exagérations maladroites ou intéressées, on est parvenu à compromettre l'avenir de la fécondation artificielle aux yeux des gens sensés, qui vont au fond des choses, et n'estiment dans une découverte, quelque brillante qu'elle soit, que ce qu'elle peut donner d'utile et de véritablement réalisable. Par des récits pompeux, par des promesses plus pompeuses encore, les hommes qui ont voulu s'attribuer le mérite des premières applications de cette curieuse découverte, n'ont réussi qu'à mettre le public en défiance et à faire douter que les procédés imaginés par Remy puissent jamais servir à atteindre le but qu'il avait en vue, lorsque, frappé de la destruction toujours croissante du poisson, il chercha laborieusement les moyens d'y remédier en repeuplant les cours d'eau appauvris, par les produits de sa merveilleuse invention.

C'est là un mal réel; le tort fait à la pisciculture par de malencontreux essais, par d'irréalisables promesses, serait peut-être irréparable si des hommes modestes et consciencieux, poursuivant dans le silence du cabinet, ou sur le terrain même, leurs persévérantes observations, leurs ingénieuses expériences, ne prenaient à tâche de ramener la question à ses véritables termes, en prouvant autant qu'il est en eux, par des faits matériels incontestables, que la fécondation artificielle des œufs de poisson est une opération non-seulement possible, mais facile, simple, toujours suivie de résultats heureux quand elle est pratiquée dans des conditions convenables, très-propre à remédier, dans un temps plus ou moins long, au dépeuplement des cours d'eau, au dépérissement de la pêche, et devant infailliblement raviver dans l'avenir cette source si importante des revenus du trésor public.

C'est le fruit de ces observations, c'est le résultat de ces investigations que j'offre aujourd'hui au public pour l'éclairer et le guider. En attendant que M. Millet, l'habile expérimentateur, publie de son côté ce qu'il a pu recueillir de faits curieux dans les divers essais auxquels il se livre depuis plusieurs années avec une si louable persévérance, j'ai cru devoir faire connaître les méthodes employées jusqu'ici pour opérer *la fécondation artificielle des œufs de truites*, et faire profiter les curieux du fruit de longues et laborieuses expériences. C'est uniquement au point de vue pratique que cet ouvrage a été entrepris; c'est pour répondre aux nombreuses questions qui me sont chaque jour adressées sur un sujet que *le premier* j'ai fait publiquement connaître, que je me suis décidé à rédiger et à mettre en ordre les nombreux documents qui sont en ma possession, et dont le plus grand nombre m'a été fourni par Remy lui-même. A proprement parler, c'est Remy, le pêcheur, qui est le véritable auteur de ce petit ouvrage. Je ne suis ici que le confident de ses pensées, l'écho de ses opinions, le rédacteur des documents que lui a fournis son expérience, en un mot, son interprète près du public. J'ai lu dans ce génie inculte, j'ai recueilli les idées de cette intelligence malheureusement illettrée, et j'ai pensé qu'on ne lirait pas sans intérêt un livre dont les matériaux sont pour ainsi dire fournis par le véritable inventeur de cette science nouvelle, que l'on désigne généralement aujourd'hui sous le nom de *pisciculture*.

GUIDE
DU PISCICULTEUR.

ORIGINE ET BUT DE LA PISCICULTURE.

On peut définir la pisciculture : une science qui s'occupe de la reproduction du poisson par voie artificielle, et qui a pour but le repeuplement des fleuves et des rivières.

De nombreuses circonstances concourent depuis longtemps à l'appauvrissement des cours d'eau par la destruction toujours croissante du poisson. La pêche en temps prohibé, le braconnage dans tous les temps, l'emploi d'engins défendus par les règlements, l'infection des eaux par le mélange de substances délétères provenant de certaines fabriques, le rouissage du chanvre, encore en usage dans quelques contrées, et, plus que tout cela, la destruction ou la dispersion du frai par l'irrigation des prairies, par le mouvement continuel du flot dans les canaux servant à la navigation, par les inondations accidentelles amenées, soit par des crues subites, soit par la fonte des neiges, par les dessèchements occasionnés par la chaleur ou le détournement des cours d'eau, toutes ces circonstances sont autant de causes qui contribuent dans des proportions diverses à la diminution progressive des richesses ichthyologiques que contenaient autrefois les fleuves et rivières de la France.

Ce fait avait depuis longtemps frappé les hommes qui, par goût ou par état, se livrent à la pêche. Toutefois, se contentant de déplorer cet état de choses qui non-seulement portait un grand préjudice à leur profession, mais avait encore une notable influence sur la diminution graduelle du revenu que le domaine ou les communes tiraient de la location de leurs pêcheries respectives, aucun d'eux n'avait songé à porter un remède efficace à un mal que chacun se bornait à constater.

Un homme pourtant se rencontra, un simple pêcheur qui, lésé dans ses intérêts, se mit à réfléchir profondément aux causes qui amenaient des résultats dont sa modique fortune avait tant à souffrir. Placé par le hasard de sa naissance dans une des vallées des Vosges où des cours d'eau abondants nourrissaient naguère, en grande quantité, la truite, le plus délicat et le plus savoureux des poissons d'eau douce, il voyait avec inquiétude, et bientôt avec chagrin, les ressources de sa profession de pêcheur diminuer de jour en jour et menacer de s'anéantir entièrement. Doué par la nature d'un de ces génies observateurs qui, remontant facilement des effets aux causes, ont bientôt trouvé la raison des choses, J. Remy ne tarda pas à s'apercevoir que la destruction du frai des truites était la véritable origine du mal dont il se plaignait. Par une logique instinctive et que donne assez souvent aux intelligences les plus incultes l'observation des phénomènes de la nature, il fut conduit à imaginer qu'en s'opposant à la cause qu'il supposait être la destruction des œufs pendant la période qui s'étend de la ponte à l'éclosion, il détruirait nécessairement l'effet.

J'ai raconté ailleurs (1) ses premiers essais. J'ai dit comment, se bornant d'abord à mettre en lieu de sûreté les œufs de truites qu'il rencontrait dans le lit ou sur les bords des ruisseaux, et les plaçant dans des conditions qui devaient, en les préservant de toutes chances de destruction, assurer leur éclosion, il avait subi de nombreux échecs qui peu à peu l'avaient amené à penser qu'il omettait quelque chose d'important, et qu'il y avait une lacune à combler dans la série de ses observations.

Trouver la nature de cette lacune et imaginer les moyens de la faire disparaître ne fut pas pour lui l'affaire d'un jour; enfin, à force de patientes recherches, il parvint à constater quelques légères différences dans l'aspect extérieur des œufs placés, en apparence, dans les mêmes conditions et trouvés sur la même frayère; ces différences, qui ne consistent guère que dans une opacité un peu plus prononcée des œufs fécondés et dans un changement de couleur qui n'est guère appréciable que pour des yeux exercés, le frappèrent cependant, et suffirent pour lui donner la certitude que dans ces deux circonstances était la clé de la difficulté qu'il cherchait à résoudre. Des expériences multipliées lui démontrèrent en effet bientôt que dans le nombre des œufs qu'il ramassait partout, dans la saison de la fraie et qu'il renfermait indis-

(1) Fécondation artificielle et éclosion des œufs de poissons. Broch. in-8° chez A. Goin, libraire.

tinctement dans ses appareils à éclosion, ceux dans lesquels il croyait reconnaître une différence de couleur et d'opacité ne tardaient pas à devenir d'un blanc mat, semblables à de petites boules d'albumine coagulée, signe certain d'une décomposition intérieure; tandis que les autres conservaient leur aspect opalin, ne tardaient pas à montrer le point noir qui est le signe du développement de l'embryon, et donnaient enfin naissance à de petits poissons, après deux à trois mois d'incubation.

Dès-lors, il ne se trompa plus, et, fort d'une indication qu'il ne devait qu'à son génie observateur, il put de prime abord reconnaître si les œufs qu'il voulait recueillir étaient ou non fécondés. Mais cela ne suffisait point à son impatiente activité; après avoir reconnu, par des signes, douteux pour d'autres peut-être, mais qui pour lui avaient un dégré suffisant de certitude, que la nature avait privé certains œufs de la faculté d'éclore, tandis qu'elle l'avait donnée à d'autres, il voulut trouver un moyen d'y suppléer et d'assurer la fécondation de tous. On en conviendra, ce n'était pas là une petite difficulté pour un simple pêcheur vivant dans l'isolement, privé de toute instruction, réduit à ses seules ressources et ne se doutant guère que des savants avaient avant lui résolu ce problème. Il en vint à bout pourtant, et ce n'est pas là son moindre titre à l'admiration, à la reconnaissance de ses concitoyens. Les hommes qui depuis ont fait valoir la prétention d'avoir fondé la pisciculture, *ceux qui l'ont exhumée toute faite* des livres où ils la laissaient si paisiblement enfouie depuis tant d'années, ceux-là connaissaient la nature des poissons et leur mode de reproduction. Mais Remy, le pêcheur Remy n'en connaissait pas le premier mot; il ignorait complétement les moyens qu'emploie la nature pour assurer la multiplication du poisson, et par quelle voie le mâle parvient à féconder les œufs de la femelle. Ce fut pour lui l'objet d'une étude longue, pénible, souvent décourageante, dans laquelle il a perdu la vigueur de sa jeunesse, la force de sa constitution, épuisé ses faibles ressources, mais dans laquelle aussi il a eu le bonheur de réussir. En relisant le récit que j'ai fait de ses persévérantes recherches, on ne peut qu'être émerveillé de cette lutte obstinée d'un génie brut, et s'ignorant lui-même, avec les difficultés presqu'insurmontables que lui opposaient son ignorance et son isolement. Aussi, quand on se reporte à ces publications où la passion s'est efforcé de dépouiller Remy du fruit de ses travaux, à ces discours dans lesquels on ne craint pas de le représenter comme un plagiaire adroit, qui a puisé ses inspirations dans l'œuvre presque ignorée d'un savant du siècle passé, on ne sait ce qui doit l'emporter du dédain profond que méritent de pareilles allégations, ou de l'indignation qu'elles inspirent.

J'ai dit comment Remy trouva enfin le mot de l'énigme : il surprit la nature sur le fait, et la clé du mystère de la fécondation des œufs lui fut enfin donnée. *Telle est l'origine réelle, incontestable, de la pisciculture.* C'est la découverte de Remy qui a été le point de départ de tous les travaux, de toutes les recherches, de tous les essais auxquels se sont livrés depuis, les nombreux expérimentateurs auxquels on est redevable des progrès ultérieurs de la science fondée par Remy.

Mais avant d'aller plus loin, et pour mettre le lecteur parfaitement au courant du sujet si intéressant que je me propose de traiter ici, il est utile de jeter un coup d'œil rapide sur l'histoire de la truite, d'étudier ses mœurs, ses habitudes, sa manière d'être au moment marqué par les lois qui président à l'harmonie et à la conservation de l'univers, pour assurer la perpétuité de l'espèce par la reproduction des individus, c'est-à-dire au moment de la fraie, afin de jeter quelque jour sur les curieux mystères qui se passent alors, mystères que Remy a étudiés avec tant de persévérance, et qui l'ont conduit à suppléer la nature en opposant la prudence et la sollicitude de l'homme aux nombreuses chances de destruction qui viennent assaillir ce que la nature avait créé.

DE LA TRUITE.

Les nombreux traités d'histoire naturelle nous apprennent que la truite est un poisson d'eau douce, qui se plaît dans les eaux claires, froides, limpides, et dont la chair délicate, d'une saveur agréable, d'une digestion facile, en fait un des meilleurs aliments qu'on puisse servir sur nos tables. Nous n'avons pas besoin d'en savoir davantage pour nous rendre compte de la recherche dont elle est sans cesse l'objet dans tous les pays dont elle fréquente les eaux, et pour nous expliquer l'importance qui se rattache à la découverte des moyens propres à en assurer à volonté la reproduction.

J'ai dit que la truite se plaît dans les eaux claires et limpides ; aussi la trouve-t-on de préférence dans ces cours d'eau nés au sein des montagnes et qui, coulant sur un terrain granitique ou arénacé, tel que celui qui constitue les hautes vallées des Vosges, offrent à ce poisson les meilleures conditions d'une existence facile et d'un prompt développement. C'est là qu'elle paraît particulièrement se plaire et que, sauf les circonstances défavorables qu'elle rencontre, elle semblerait devoir se reproduire avec abondance et facilité. Ce n'est pas ici le lieu de rechercher s'il est vrai qu'il y a plusieurs espèces de truites, et que celles qu'on rencontre, par exemple, dans les ruisseaux des hautes vallées sont différentes de celles qui se trouvent dans les rivières qui coulent sur différents points des Vosges (1). Cette question, fort controversée d'ailleurs, ne doit pas nous arrêter : car s'il est probable qu'il y a

(1) Il n'y a pas à douter que le genre *truite*, qui n'est lui-même qu'une variété du genre *salmone*, renferme d'assez nombreuses sous-variétés ; que celles qui fréquentent les eaux des hautes vallées des Vosges, par exemple, et la Moselle en particulier, ne sont pas les mêmes que celles qui se rencontrent dans d'autres rivières coulant sur des terrains différents. — Il ne faut donc pas prendre d'une manière trop absolue l'assertion que j'ai émise que la *truite* ne se plait que dans les eaux coulant sur des terrains *granitiques* ou *arénacés* : ce fait est vrai pour la truite des Vosges, et en particulier pour celle qui fréquente la Moselle, aussi ne la rencontre-t-on plus dès que le lit de cette rivière, à eau vive et claire, est formé de terrain calcaire, et reçoit des affluents venant des terrains argileux. Il paraît en être de même pour le Rhône ; au-dessous du lac de Genève, on n'y rencontre point de truite, c'est ce qui m'a fait dire que l'expérience projetée par M. Coste ne réussirait pas.

de nombreuses variétés dans cette espèce de poisson, toutes ont le même mode de reproduction et présentent les mêmes phénomènes à l'époque de leurs amours.

DE LA FRAIE, DE SON ÉPOQUE, DE SA DURÉE, DES INFLUENCES QUI LA FAVORISENT OU LA CONTRARIENT.

Un homme qui paraît avoir beaucoup étudié les poissons d'eau douce de ce pays (les Vosges), et qui a laissé de curieuses observations manuscrites sur les mœurs et les habitudes des nombreuses espèces qui peuplent nos rivières, M. Gérard (1), ancien receveur des domaines, à Bruyères, pêcheur passionné et observateur très-perspicace, dit, en parlant de la truite : « La passion de l'amour paraît plus développée dans la truite que dans toutes les autres espèces de poissons ; la femelle s'exténue, pour ainsi dire, au temps de la production ; son corps devient flasque, sa chair molle et sans goût. La jalousie ne lui paraît pas étrangère ; ce qu'on ne remarque ni

(1) M. Charles-Joachim Gérard était né à Epinal, le 23 octobre 1733. Après avoir fait ses études au collége des jésuites, il fut reçu avocat à la Cour de Lorraine, et s'établit à Bruyères, où il exerça sa profession près le grand bailliage de cette ville. Homme d'esprit, *quoique pêcheur à la ligne*, il se montrait fort patient à cet exercice, et y était heureux. Il avait un grand entraînement vers l'étude des poissons de nos rivières et de nos lacs, et l'on peut avoir toute confiance dans les observations qu'il a recueillies sur ce sujet pendant sa longue carrière.

Il fut, pendant bien des années, receveur de l'enregistrement à Bruyères. En effet, des pièces font foi qu'il remplissait déjà ces fonctions en 1774, et qu'il ne les quitta qu'au mois de juin 1790. (Renseignements fournis par M. le Dr Mougeot, de Bruyères.)

dans le brochet, ni dans la perche, ou autres poissons voraces, la truite prête à pondre prend souvent un mâle en affection, n'en veut pas souffrir d'autres près d'elle, et ne permet qu'à l'objet de sa prédilection de passer sur ses œufs pour les féconder de sa laitance. Cette préférence, continue notre observateur, a été remarquée si souvent, qu'il est impossible d'en douter ; il est, au surplus, très-aisé de s'en convaincre en observant une frayère nouvellement commencée. On y verra la femelle qui l'occupe (1) chasser et poursuivre les mâles qui ne lui conviennent pas, et le mâle préféré la seconder dans cette poursuite qui se fait à son profit. Si ce n'est pas là de la jalousie, c'est du moins un instinct qui y ressemble beaucoup. On peut ajouter qu'à ce sentiment, s'il est permis d'employer cette expression, se joint la colère; car au retour d'une de ces chasses, les yeux du mâle paraissent enflammés, ses ouïes sont agitées et les mouvements très-vifs de ses nageoires paraissent exprimer le trouble et l'agitation (2). »

Ces observations, que je ne donne qu'avec toute réserve, et qu'on ne trouverait, je crois, dans aucune histoire naturelle, m'ont été répétées tant de fois par des pêcheurs de

(1) En général, la truite s'isole pour frayer, et, d'ordinaire, on n'en rencontre qu'une dans la plupart des frayères ; cependant, il n'est pas rare d'en voir plusieurs, non pas se réunir, mais s'avoisiner, pour peu que la frayère occupe un espace un peu étendu et qu'elle présente des dispositions très-favorables.

(2) Du moment que M. Coste admet la coquetterie chez les épinoches, on peut bien passer la jalousie aux truites (Nidification des épinoches, etc.).

profession, que j'ai lieu de les croire vraies. A ce titre, elles m'ont paru mériter d'être reproduites et constituer un trait d'autant plus remarquable du caractère de la truite que, d'un autre côté, il est de notoriété parmi les pêcheurs que ce poisson est très-peu sauvage en temps de fraie, qu'il se laisse assez facilement prendre à la main, ce qui ne laisse pas de faire un curieux contraste avec l'espèce de férocité qu'il met à poursuivre les mâles qui viennent le troubler dans ses paisibles amours.

ÉPOQUE DE LA FRAIE.

C'est vers la fin du mois de septembre, ou au plus tard dans les dix premiers jours d'octobre, que la truite commence à frayer. Il est alors expressément défendu de la pêcher ; mais malgré l'interdiction sévère dont cette pêche est l'objet, il n'est malheureusement que trop certain qu'on en détruit un très-grand nombre à cette époque, et ce n'est pas là une des causes les moins puissantes de la diminution graduelle de cet excellent poisson dans les eaux de ce pays.

Dès que le moment est arrivé pour la truite de déposer ses œufs, elle se met à la recherche d'un endroit favorable où elle ne puisse être troublée, où le produit de sa ponte soit à l'abri de tout accident. Pour cela, elle remonte les cours d'eau, et on la trouve souvent dans les canaux de dérivation destinés à faire mouvoir quelque usine, parce que là elle a moins à redouter pour son frai les effets des crues subites ou des débordements. Dès qu'elle a trouvé un endroit commode, où l'eau coule paisiblement et sans bouillonner, sur un fond de gravier parsemé de quelques grosses pierres qui coupent le fil de l'eau et offrent un abri aux œufs déposés derrière, la truite commence à s'agiter, et on peut la voir travaillant de la queue, des nageoires, du ventre même, pour pratiquer dans le gravier du fond, de petites excavations dans lesquelles elle laisse tomber ses œufs, qui, arrivés à maturité, s'écoulent facilement par l'anus au moyen du simple frottement du ventre de la femelle sur le fond du cours d'eau. Presque toujours le mâle, qui se tient à portée, vient aussitôt répandre quelques gouttes de laitance sur ces œufs et leur communique ainsi la faculté d'éclore.

Ces manœuvres que je viens de décrire, il n'est pas donné à tout le monde de les pouvoir observer, non-seulement parce que la truite choisit de préférence les endroits isolés et écartés où elle ne puisse être ni vue ni inquiétée, mais encore parce que c'est surtout pendant la nuit qu'elle s'y livre avec le plus d'ardeur. Si l'on veut étudier les mœurs et les habitudes de la truite pendant la fraie, c'est donc pendant la nuit qu'il faut se livrer à cette curieuse étude. C'est ainsi que Remy est parvenu à surprendre ce secret dont il avait besoin pour venir à bout de son œuvre ; c'est à force d'observer les allées et venues de la femelle sur la frayère et l'intervention du mâle de temps en temps, c'est, comme je l'ai dit, en prenant la nature sur le fait, qu'il est parvenu à connaître les lois de la reproduction chez les poissons, à deviner ce que faisait la femelle par ses agitations continuelles pendant tout le temps que dure la fraie, et le rôle si important réservé au mâle.

Quelques observateurs croient que les différentes phases de la lune ont une certaine influence sur la marche de la fraie, et que, lors de la pleine lune, par exemple, la femelle est dans une bien plus grande activité. Sans nier d'une manière formelle cette influence, que rien du reste ne prouve et que peu d'hommes pratiques admettent, je crois pouvoir dire que, l'époque de la pleine lune étant la plus favorable pour observer la truite au moment de la fraie, parce qu'une plus grande masse de lumière, se reflétant dans l'eau permet mieux à l'œil de suivre tous les mouvements de la femelle et les évolutions du mâle, on en a facilement conclu que la lune dans son plein, avait de l'influence sur le travail de la fraie.

Quoi qu'il en soit, on a remarqué, ainsi que je l'ai dit plus haut, que c'est pendant la nuit que la truite se livre avec le plus d'ardeur à l'acte qui doit assurer sa reproduction. L'activité qu'elle déploie n'a pas seulement pour but de déposer ses œufs, mais encore de pourvoir à leur sûreté ; comme ils pourraient être entraînés par le courant, j'ai déjà fait remarquer qu'elle a soin de les déposer derrière de grosses pierres ou des quartiers de roches qui détournent le fil de l'eau. Mais cela ne suffit pas ; il faut encore qu'elle parvienne à les soustraire à la voracité des autres mères truites ou des autres poissons voraces, qui s'en montrent très-avides, et pour cela elle les recouvre de gravier dès qu'ils sont fécondés par le mâle, jusqu'à ce que le regard ne puisse plus les découvrir.

On ne peut se faire une idée de l'adresse qu'elle déploie

dans tous ces mouvements, et de quelle sollicitude une truite en train de frayer se montre animée pour assurer la conservation de son frai ; on peut dire même qu'elle y met de l'intelligence, et, pour peu qu'on l'observe avec attention, on en aura bientôt la preuve. En effet, lorsqu'une femelle commence à frayer, il ne faut pas croire qu'elle dépose tous ses œufs du même coup ni même dans une seule journée : l'opération dure quelquefois plusieurs jours, parce que tous les œufs renfermés dans le ventre de la mère n'atteignent pas en même temps leur parfaite maturité. C'est donc à reprises multipliées que l'opération a lieu, et l'on a remarqué que la femelle ne laisse couler une partie de ses œufs que lorsqu'elle voit ou qu'elle sent le mâle à portée de les féconder aussitôt qu'ils sont déposés. Elle fait donc plusieurs trous ou plusieurs dépressions dans le gravier de la rivière, et c'est ici qu'elle déploie cet instinct que je n'hésite pas à appeler de l'intelligence. Voici comment elle procède. Elle commence son premier trou, sa première dépression, à la partie la plus inférieure du lieu choisi par elle, et que j'ai désignée plus haut sous le nom de *frayère*, puis elle place le second immédiatement au-dessus : de sorte que le gravier, déplacé pour faire ce second trou, obéissant au cours de l'eau, va tout naturellement recouvrir les œufs qui sont déposés dans le premier, et que la truite fait ainsi ce que l'on appelle d'une pierre deux coups. Si ce n'est pas là de l'intelligence, qu'on me dise donc ce que c'est !

Bien que les truites commencent à frayer dès la fin de septembre, et que chacune n'emploie que quelques jours à cette opération, on peut dire cependant que la fraie dure environ deux mois, c'est-à-dire jusqu'à la fin de novembre et quelquefois plus tard, parce que toutes les femelles ne sont pas disposées au même moment, et que ce n'est que successivement qu'elles se préparent à cette opération annuelle. Cette disposition est commune à quelques espèces de poissons, notamment au saumon, au saumoneau, qui ont avec la truite tant de points de ressemblance ; à l'ombre, dont quelques naturalistes ont voulu faire une variété de truite, tandis qu'elle en diffère sous tant de rapports. La plupart des espèces qui peuplent les rivières emploient beaucoup moins de temps pour l'opération de la fraie, parce que, toutes les femelles se trouvant prêtes en même temps et se réunissant en grand nombre à la même place, les mâles ne font que passer rapidement au-dessus des œufs pour leur communiquer la faculté éclosive qu'ils n'acquièrent qu'ainsi.

Ce sont, en général, les plus grosses truites qui donnent le signal de la fraie, en la commençant, comme je l'ai dit, vers les derniers jours de septembre. Les plus petites n'en viennent là que plus tard et les dernières ; en sorte qu'il arrive que, dans le même cours d'eau, ou dans ses affluents, quand déjà la fraie est terminée dans quelques parties, elle commence seulement dans les autres. Lorsque le temps est beau, qu'il ne survient pas de grandes pluies, la fraie se termine plus tôt ; mais lorsque la truite est tourmentée par une température variable, ou qu'il règne de grands vents qui occasionnent souvent dans les cours d'eau un remous considérable, la truite suspends alors son opération pour ne la reprendre que lorsque le temps, redevenu plus calme, lui permet de retrouver la tranquillité qu'elle recherche avant tout.

On ne peut donc rien dire d'absolu sur la durée de la fraie ; bien que d'ordinaire elle ne soit que de deux mois environ, et que la plupart du temps elle soit terminée pour la fin du mois de novembre, il n'est pourtant pas rare de la voir se prolonger davantage et de voir encore des femelles sur la frayère même dans les premiers jours de janvier ; cela dépend surtout de la température qui règne à cette époque de l'année. Il y a même des personnes qui tirent de la précocité de la fraie, de son retard, de sa prolongation, des pronostics sur l'intensité des froids qui régneront pendant la saison d'hiver. Elles se basent à cet égard sur l'instinct bien connu de la truite qui la porte, comme par un pressentiment instinctif, à hâter ou à retarder le dépôt de ses œufs, suivant que l'hiver devance ses rigueurs ou retarde l'arrivée de ses frimas.

La seule circonstance qui ait sur la fraie une influence directe et incontestable, c'est la nature et la température de l'eau. Des observations fréquentes, et sur le résultat desquelles il est permis de compter, autorisent à établir que la température ordinaire des cours d'eau dans lesquels la truite se plaît à frayer est généralement de 5 à 10 degrés, suivant sa profondeur, sa vitesse et son rapprochement de la source. Une température plus basse est rarement recherchée par la truite prête à pondre ; aussi la fraie commence-t-elle par les parties supérieures du cours d'eau, qui, plus rapprochées de la source, sont plus sujettes à se refroidir aux approches des gelées et des neiges, et sont par conséquent plus tôt abandonnées par le poisson, qui, après la ponte, va chercher plus bas, et dans des eaux plus profondes, une température moins rigoureuse.

J'ai dit plus haut que la fraie est généralement inaugurée par les plus grosses truites. On a remarqué, en effet, que les petites, qui se plaisent ordinairement dans les eaux vives des terrains montagneux, fraient ordinairement quinze jours et quelquefois un mois plus tard que celles des rivières ; mais cette règle est loin d'être absolue, et on pourrait citer de nombreuses exceptions. Cela tient-il à l'espèce, à la variété? Il est difficile de répondre à ces questions; seulement je tiens de Remy, si expert en pareille matière, que, dans les lacs de Lispach et de Blanche-Mer, à proximité de la Bresse, et dans les cours d'eau qui en descendent, on rencontre des truites dont la peau est plus noire, les taches plus brillantes, dont la chair a une teinte rougeâtre qu'on appelle saumonée, dont les œufs sont un peu plus orangés que ceux des autres variétés, et qui entrent en fraie dans le même temps que celles qui vivent dans les cours d'eau situés plus bas. Une chose digne de remarque, c'est que cette truite, généralement désignée sous le nom de *truite noire*, transportée dans des eaux différentes de celles des lacs qu'elle fréquente habituellement, n'en conserve pas moins les caractères de son espèce. La chair de cette variété est la plus recherchée, parce qu'elle est plus ferme et plus délicate.

Pour résumer ce que j'ai dit de la fraie, de sa durée, des

influences qu'elle subit, je crois devoir établir les points suivants, qui me paraissent répondre à toutes les questions auxqnelles ces phénomènes pourraient donner lieu, et renfermer les notions indispensables à celui qui veut se livrer sérieusement à l'étude de la pisciculture (1).

1° La fraie, c'est-à-dire la ponte des œufs de la truite, dure environ deux mois. Commencée vers la fin de septembre ou au commencement d'octobre, elle se prolonge jusqu'à la fin de novembre, même jusqu'à la mi-décembre. Les exemples qu'on peut citer de femelles trouvées sur la frayère même en janvier, sont des exceptions qu'il est bon de noter, mais qui n'infirment en rien la règle générale posée plus haut.

2° Si généralement les grosses truites fraient avant les petites, il n'en faut tirer aucune induction relativement aux espèces ou aux variétés.

3° La direction du vent ou l'état de l'atmosphère paraissent avoir de l'influence sur la fraie, en ce sens qu'un vent doux, une température calme favorisant la tranquillité de la femelle, celle-ci n'est en rien troublée dans sa fonction, et la termine dans un temps plus court, tandis que le contraire arrivant, la fraie est souvent interrompue par la nécessité où se trouve la femelle d'abandonner la

(1) Si je ne parle ici que de la truite, c'est que ce poisson est le plus recherché de tous ceux qui fréquentent nos cours d'eau ; c'est surtout parce que c'est celui qui a servi d'étude à Remy, et sur les œufs duquel ont été faits les premiers essais de *fécondation artificielle*. A la suite de ce livre, je donnerai une nomenclature des autres espèces d'eau douce auxquelles peuvent s'appliquer les règles générales que je pose, et je noterai avec soin les époques de leurs fraies.

frayère, et de se réfugier dans les anfractuosités où elle se met à l'abri de toute espèce d'accident. Enfin, la truite, par une sorte de pressentiment instinctif, semble accélérer l'opération de la fraie à l'approche des neiges et des fortes gelées.

4° La lune, à ses différentes phases, paraît n'avoir aucune sorte d'influence sur la fraie.

5° La température de l'eau en a au contraire une bien marquée. Généralement celle des cours d'eau où fraie la truite est de 5 à 10 degrés Réaumur.

6° Bien qu'en général la truite s'isole pour frayer, en remontant les cours d'eau qu'elle fréquente, il n'est pas rare pourtant de rencontrer plusieurs femelles sur la même frayère, quand celle-ci a un peu d'étendue, et qu'elle présente des dispositions favorables.

Si je n'ai rien dit jusqu'ici de l'âge auquel la truite commence à frayer, ou en d'autres termes auquel elle est nubile, c'est que je réserve ces détails pour le chapitre où je traiterai de la fécondation artificielle et du choix des sujets qui doivent fournir les œufs.

DE LA FÉCONDATION ARTIFICIELLE DES ŒUFS DE POISSON.

CONSIDÉRATIONS GÉNÉRALES.

Dans les chapitres qui précèdent, je me suis attaché à décrire aussi fidèlement que possible, les phénomènes si curieux et si intéressants qui se manifestent à l'époque où la truite femelle, obéissant aux lois générales de la reproduction des êtres, entre en fraie, c'est-à-dire dépose sur le lit des cours d'eau, les œufs qui se sont naturellement développés dans son sein ; où le mâle leur communique la faculté d'éclore en les arrosant du fluide reproducteur qu'il contient, et qui est généralement connu sous le nom de laite ou laitance.

J'ai dû entrer dans ces détails, que j'ai cherchés en vain dans les ouvrages spéciaux, ou dans les dictionnaires d'histoire naturelle, parce qu'ils m'ont paru indispensables à celui qui voudrait se livrer à des expériences de fécondation artificielle. En effet, comment imiter ce qu'on ne connaît pas, ou ce qu'on ne connaît du moins que fort imparfaitement? et si l'on ignore comment procède la nature dans l'acte si important de la reproduction du poisson, comment marcher sur ses traces, et la suppléer au besoin?

Ainsi que je l'ai dit, la fécondation artificielle n'est qu'une imitation de la nature; elle n'a qu'un but, mettre le produit de l'opération à l'abri des nombreuses chances de destruction qui entraînent chaque année la perte d'un si grand nombre d'œufs fécondés, et qui nuisent d'une manière si fâcheuse au repeuplement des cours d'eau.

Si l'on réfléchit aux nombreuses causes qui tendent à faire disparaître le poisson, et à ruiner les pêcheries, causes dont j'ai énuméré les principales au commencement de ce livre, on sera conduit à penser que la fécondation artificielle des œufs et leur éclosion dans des conditions spéciales, n'est pas seulement une découverte qui honore le génie de l'homme, un exercice curieux, une expérience intéressante, propre à exercer la sagacité d'un adepte ou à exciter l'admiration du public, mais bien une opération nécessaire, indispensable pour sauver le frai des poissons de toutes les causes de destruction auxquelles il est exposé, assurer ainsi la reproduction des meilleures espèces, et que la pisciculture, opérée dans de bonnes conditions, est désormais le remède le plus efficace, sinon le seul, contre le dépeuplement progressif des fleuves et des rivières.

Considérée à ce point de vue, la pisciculture est une science qui doit avoir des principes fixes, une théorie claire, basée sur des observations sérieuses, de laquelle découle naturellement une pratique sûre et facile. C'est à ces termes que doivent s'efforcer de la ramener les hommes qui prennent à son avenir un intérêt véritable, et qui veulent lui assurer parmi les autres sciences d'application un droit de cité qu'on ne puisse lui contester.

On ne saurait se dissimuler que des tentatives irréfléchies, que des essais malencontreux, faits par des savants très-recommandables d'ailleurs, mais auxquels manque totalement ce que M. de Quatrefages a si judicieusement appelé le métier, ont singulièrement compromis la pisciculture, et l'ont fait considérer par un grand nombre d'hommes sérieux comme un de ces rêves irréalisables dont se bercent quelquefois les meilleurs esprits, ou l'une de ces merveilles qui ont leurs admirateurs enthousiastes, bonnes pour surprendre un instant la curiosité publique, comme les tables tournantes et les meubles intelligents.

Ce sont ces échecs qu'il s'agit de réparer, afin de rendre à la pisciculture toute la considération à laquelle

elle a droit de la part des esprits justes, des intelligences saines et réfléchies. Déjà les travaux de M. Millet ont ouvert la voie à cette réhabilitation nécessaire, et il eût été à désirer que le gouvernement, prenant en considération les conclusions du rapport de la commission instituée par le M. directeur général de l'administration des eaux et forêts, rapport fait le 28 janv. 1853, eût consenti à fournir à M. Millet les moyens de réaliser sur une grande échelle, le progrès incontestable qu'il a su imprimer à l'art de faire éclore les œufs de poissons. Malheureusement des préventions, nées sans doute des résultats négatifs fournis par des expériences beaucoup trop vantées, ont inspiré à l'administration une défiance qu'on ne saurait condamner, tout en la trouvant excessive, et ont en définitive fait ajourner la mise en pratique des procédés de M. Millet pour le compte de l'Etat.

Il est résulté de tout cela que, privé des moyens de faire connaître par des expériences multipliées et publiques la méthode qu'il a imaginée pour rendre plus certaine une opération délicate en elle-même, que le premier inventeur de la fécondation artificielle, Remy, s'était contenté de trouver, sans y apporter tous les perfectionnements dont elle est susceptible, M. Millet s'est vu provisoirement contraint de se renfermer dans les étroites limites d'expériences particulières, qui manquent jusqu'à présent du retentissement nécessaire pour leur donner un degré suffisant de notoriété ; et qu'en attendant qu'on revienne sur une décision regrettable à plus d'un titre, la question piscicole, toujours entre les mains maladroites des hommes qui l'ont si gravement compromise, non-seulement demeure dans un état de stagnation très préjudiciable aux intérêts qu'elle est appelée à favoriser si puissamment un jour, mais encore reste exposée aux accusations d'impuissance et de stérilité que ne lui épargnent pas les esprits sceptiques et les ennemis du progrès.

A ceux-là il faut une réponse analogue à celle que fit un philosophe de l'antiquité, à un esprit fort de son temps, qui niait le mouvement. Il marcha, dit l'histoire. Eh bien, il faut que les croyants de la pisciculture marchent aussi pour qu'on ne les accuse pas d'être immobiles; et en attendant que M. Millet, que je me plais à reconnaître comme un des plus fervents disciples de la science nouvelle, marche à son tour et donne signe de vie, je vais essayer de retracer les règles à suivre pour obtenir les résultats qu'on est en droit d'attendre de la fécondation artificielle des œufs de poissons, exposer les méthodes déjà expérimentées, et constater les progrès accomplis.

PREMIERS ESSAIS DE FÉCONDATION ARTIFICIELLE.

Dans un travail que j'ai publié à la fin de 1852 (1), en retraçant l'histoire de la découverte de Remy, j'ai indiqué avec soin tous les détails des opérations au moyen desquelles il était parvenu à se procurer, par une sorte d'accouchement forcé de la femelle, des œufs de truites auxquels il avait communiqué la faculté d'éclore en les

(1) De la fécondation artificielle, etc.

mettant en contact avec de l'eau imprégnée de la liqueur prolifique du mâle. Cette opération imaginée par lui seul, mais pour le succès de laquelle il avait été obligé de solliciter la collaboration d'un homme qui avait aussi acquis une sorte de célébrité qu'il n'a pas su se conserver, était dans le principe aussi simple, aussi primitive qu'on pouvait l'attendre des efforts réunis de deux opérateurs dont l'un n'était qu'un pauvre et simple pêcheur, et dont l'autre, cabaretier de son état, n'avait pas même les premières notions d'une industrie à laquelle il était resté jusque-là parfaitement étranger.

Le procédé employé par Remy et Géhin, dans les premières années qui suivirent la découverte faite par le premier, était donc, ainsi que je l'ai dit, tout ce qu'il y avait de plus primitif, de moins perfectionné ; et, bien qu'il procurât néanmoins des résultats très-satisfaisants, il est évident qu'il était susceptible de nombreuses modifications.

Ainsi, après avoir parlé de l'époque de la fraie, je disais :

« Quoi qu'il en soit, l'époque une fois arrivée, nos pê-« cheurs s'emparent des femelles sur lesquelles ils veulent « opérer ; ils les choisissent ordinairement du poids de « 300 à 500 grammes ; l'un d'eux en saisit une de la main « gauche, et la tient renversée sur le dos, la tête et le « corps appuyés contre lui ; il lui fait sur le ventre des « frictions douces dans le but de calmer l'agitation de « l'animal, qui semble se plaire à la sensation que cette « manœuvre lui procure.

« Quand la truite paraît comme endormie, ce qui ne

« tarde guère, l'autre maintient la queue, puis tous deux « inclinent l'animal au-dessus d'un vase préalablement « préparé, à moitié rempli d'une eau claire et limpide, « et, avec la main droite, celui des deux qui tient la truite « ainsi couchée, presse légèrement le ventre de haut en « bas, entre le pouce et l'index, *sans y mettre la moindre* « *force*, ce qui suffit pour déterminer la sortie des œufs, « s'ils sont arrivés à maturité ; bientôt on les voit couler « à chaque pression qui se répète, et tomber dans le « vase, sous forme de globules de couleur orangée, peu « foncée et d'une entière transparence. Dès qu'une fe- « melle est ainsi artificiellement vidée, on prend un « mâle avec lequel on agit absolument de même, et l'on « ne tarde pas à voir s'échapper un liquide assez abon- « dant, qui trouble légèrement l'eau en lui donnant une « teinte blanchâtre, à peu près comme il arrive quand on « verse dans l'eau quelques gouttes de sous-acétate de « plomb, ou extrait de saturne ; on a soin d'agiter le li- « quide, soit avec la main, soit avec la queue du poisson, « et on voit aussitôt les œufs, perdant leur transparence, « prendre une couleur plus mate, puis un point noir, d'un « à deux millimètres environ d'étendue, se montrer à leur « centre ; *cette transformation est le signe certain de* « *leur fécondation*. Si ces œufs sont désormais placés « dans des conditions favorables, leur éclosion est assu- « rée, pas un seul ne restera stérile. Aussi, le premier « soin à prendre, c'est de séparer les œufs qui paraissent « blancs, et qui ne présentent pas le point ombilical noir, « dont je viens de parler ; ils sont sujets à se corrompre

« en peu de temps, et compromettraient la ponte entière « il faut les rejeter. Cela fait, on change l'eau du vase, « et on prépare la boîte dans laquelle les œufs, ainsi fé- « condés, doivent rester jusqu'à l'époque de leur éclo- « sion. »

J'appelle l'attention du lecteur sur ces mots : « Aussi le premier soin à prendre c'est de séparer les œufs qui paraissent blancs ; ils sont sujets à se corrompre en peu de temps, et compromettraient la ponte entière ; il faut les rejeter. » Cette recommandation que j'adressais à l'expérimentateur qui eût voulu essayer de se servir du procédé de Remy, suffit pour indiquer combien ce procédé était alors imparfait, puisqu'elle est une sorte d'aveu implicite d'une réussite incomplète.

Il est évident, en effet, que les œufs dont je conseille le rejet, comme pouvant compromettre la ponte entière, n'avaient point été fécondés lors de l'immersion de la laitance du mâle dans l'eau qui les contenait. Eh bien ! ces œufs, Remy les rejetait tout simplement et n'avait point encore été conduit à rechercher la raison pour laqu'elle ils n'avaient pas, comme les autres, contracté la faculté d'éclore, par leur contact avec l'eau contenant une portion de la laitance du mâle. Peu a peu l'expérience l'a éclairé, et aujourd'hui il connaît parfaitement cette raison ; il sait que tous les œufs d'une femelle ne sont pas à un moment donné arrivés au même degré de maturité : aussi se garde-t-il bien d'épuiser en une seule fois toute la portée d'une femelle ; il la soumet à plusieurs opérations successives, et parvient, par ce moyen, à en extraire tous les œufs sans en perdre un seul, et à les rendre tous susceptibles d'éclore. Ce progrès ne s'est pas accompli chez lui en un jour, il lui a fallu bien du temps pour en arriver là ; ce n'est qu'à force de pertes réitérées qu'il en est venu à bout, et aujourd'hui il ne fait plus de ces écoles, qui, du reste, étaient bien pardonnables à son début.

Le rapport de la commission forestière constate que M. Millet est arrivé aussi à ce degré de perfectionnement, et, sans engager ici une inutile discussion sur le droit qu'a l'un ou l'autre de s'attribuer la priorité de ce progrès, je serais volontiers tenté de l'accorder à M. Millet, qui, en homme très-éclairé, a dû nécessairement y être amené plus tôt que Remy, bien plus occupé, lui, de multiplier ses produits, d'assurer leur écoulement, que de réfléchir aux défectuosités d'un procédé qui, en définitive, lui donnait des résultats satisfaisants.

Mais en faisant cette concession à M. Millet et aux auteurs du rapport, je ne puis aller au delà et convenir avec eux que ce soit là *la base fondamentale de toute fécondation.* Évidemment, ces messieurs s'exagèrent l'importance de cette amélioration apportée au procédé primitif, car il se faisait, avant qu'elle fût accomplie, des fécondations artificielles, incomplètes, soit, je l'accorde, mais enfin il s'en faisait; et, à une époque où M. Millet n'avait point encore fait de tentatives, où il ne s'occupait pas encore de pisciculture, du moins il est permis de le croire, Remy faisait déjà éclore des centaines de mille de produits. Il est, en effet, constaté aujourd'hui que ses premiers essais remontent plus haut que 1840, et j'ai entre les mains des pièces authentiques qui mettent ce fait au-dessus de toute contestation.

J'en reviens au procédé aujourd'hui en usage, et je reconnais que c'est un véritable progrès. Je dis donc, avec les auteurs du rapport : « On ne peut faire de fécondations artificielles qu'avec des œufs et de la laitance parvenus à un état parfait de maturité. » Il est évident que les réflexions que je fais à propos des œufs s'appliquent aussi à la laitance, qu'on ne doit pas extraire du mâle en une seule et même fois. « La masse très-considérable d'œufs que renferment les poissons, continue le rapport, n'atteint pas en même temps ce degré de maturité. L'oiseau ne pond pas tous ses œufs en une seule heure, pas même en un seul jour ; il en est de même du poisson, qui, livré à ses instincts, revient à plusieurs reprises et à différents intervalles sur la frayère où i a déposé ses premiers œufs. Cette observation est très-importante, car en récoltant les œufs par une seule opération de quelques minutes, *comme le font et comme l'indiquent tous les pisciculteurs*, même ceux qui dirigent l'établissement de Huningue, on n'obtient qu'une très-faible portion d'œufs susceptibles d'être fécondés. Il en est de même pour la laitance. »

« La méthode suivie par M. Millet comporte *un progrès réel;* car d'après cette méthode, pratiquée et suivie depuis deux ans, on ne récolte les œufs et la laitance qu'en plusieurs jours et par portions, au fur et à mesure de leur maturité. »

Il est évident que cette modification imaginée par M. Millet doit avoir une très-heureuse influence sur les produits de la fécondation artificielle, puisqu'en la mettant en pratique, il ne perd ni œufs ni laitance, tandis que dans les premiers temps, et jusqu'à ces dernières années, Remy et Géhin perdaient une notable quantité des uns et de l'autre. Mais je le répète, aujourd'hui, Remy suit absolument les mêmes errements ; peu importe, après tout, qu'il y soit venu de lui-même ou par imitation ; l'essentiel, c'est qu'il y soit venu, et que ses opérations actuelles lui donnent autant de produits qu'elles sont susceptibles d'en fournir.

Le moyen indiqué par le rapport pour recueillir toutes les portions d'œufs que les femelles laissent échapper en pleine maturité me paraît aussi ingénieux que facile à mettre en pratique. « Dans ce but, on peut placer le poisson dans une frayère artificielle, qui n'est qu'une boutique à pêcheur, ou cage à double fond ; le premier est un châssis formé de barreaux à claire-voie ; le second est un tamis mobile en crin ou en toile métallique. Les femelles lâchent leurs œufs soit par contraction organique, soit en se frottant sur les barreaux : ces œufs vont tomber sur le tamis. En introduisant des mâles dans l'appareil, il arrive souvent que les œufs sont naturellement fécondés ; car M. Millet a remarqué que *la présence des femelles et l'odeur des œufs incitent le mâle à faire écouler sa laitance.* » Si ce n'était pas faire une mauvaise chicane à M. Millet, je serais bien tenté de lui contester la priorité de cette dernière remarque, que lui attribue le rapport, car je l'ai trouvée dans les notes manuscrites dont j'ai déjà parlé, et qui ont assurément plus de trente ans de date; mais il serait puéril de s'arrêter sur un point aussi peu important, et cela ne m'empêchera point de reconnaître tout ce qu'il y a d'ingénieux et de véritablement avantageux dans l'emploi de l'appareil proposé par M. Millet : aussi je le conseille à toutes personnes qui voudront s'essayer à des expériences de fécondation artificielle, surtout sur une petite échelle.

PROCÉDÉS REMY ET MILLET.

Quant au manuel opératoire lui-même, c'est-à-dire à la manière dont on doit s'y prendre pour faire couler les œufs du ventre de la mère dans le vase destiné à les recevoir, le rapport n'en dit rien, ce qui autorise à croire que M. Millet n'opère pas autrement que Remy. Or, on sait, par ce que j'en ai publié et que je rappelle plus haut, que celui-ci, après s'être saisi d'une femelle prête à pondre, la tient inclinée au-dessus d'un vase à moitié rempli d'une eau claire et limpide, la même, autant que possible, que celle du cours d'eau dans lequel la femelle a été prise, et qu'à l'aide de légers frottements sur le ventre, il en fait couler les œufs dans le vase.

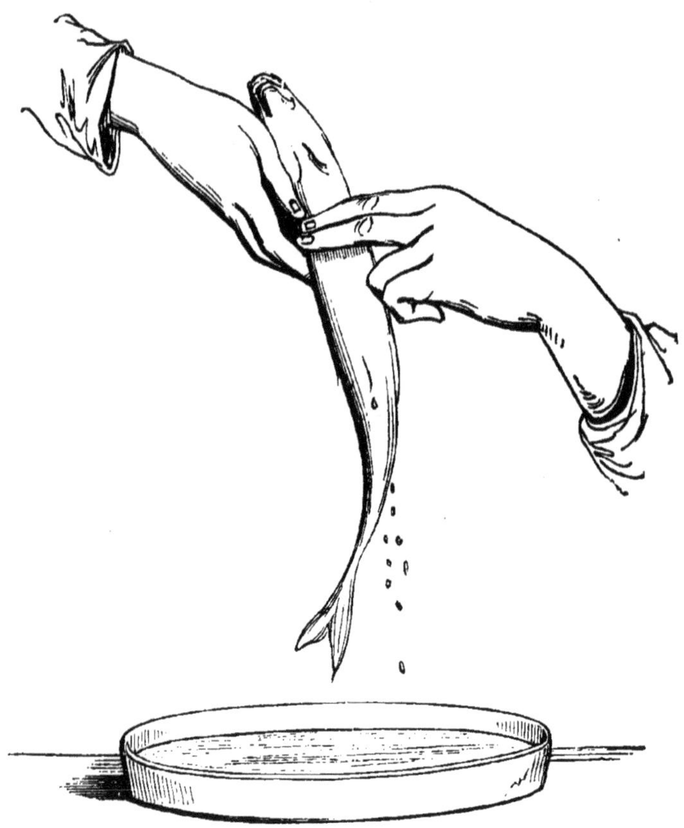

Quand les œufs ont atteint le degré de maturité convenable, cette opération est d'une extrême facilité ; à la moindre pression, les œufs coulent naturellement et pour ainsi dire d'eux-mêmes. La seule précaution à prendre, c'est de ne mettre aucune force dans le frottement; autrement, à la suite des œufs bien mûrs, il en arriverait d'autres qui le seraient moins et qui, dès lors, ne pourraient acquérir la faculté éclosive au contact de la laitance du mâle, qu'on obtient absolument de la même manière (1).

Voilà tout le procédé ; et le lecteur voudra bien remarquer qu'en le décrivant dans la brochure que j'ai publiée, j'ai eu le soin de recommander expressément de ne pas employer de force dans le frottement, attendu que la moindre pression suffit pour déterminer la sortie des œufs, *s'ils sont arrivés à maturité!* (2) Ces mots n'indiquent-ils pas que déjà, à cette époque, Remy soupçonnait que tous les œufs n'arrivaient pas au même moment au degré de maturité convenable ?

Ce procédé, imaginé par Remy, et qui est, à vrai dire, *toute la fécondation artificielle*, n'a subi aucune modification de la part des pisciculteurs venus après lui, sans en excepter M. Millet lui-même. Voici, en effet, comment il décrit la manière d'opérer :

(1) Le dessin publié par M. Coste dans ses *Instructions pratiques* indique une forte pression du pouce au-dessus de l'anus ; c'est précisément ce qu'il faut éviter.

(2) Fécondation artificielle, page 53, lignes 14 et 15.

« Pour récolter les œufs, il suffit de tenir la femelle verticalement, la tête en haut, ou mieux dans une position courbée, l'anus placé au-dessus du vase destiné à recevoir la ponte ; on passe légèrement les doigts sur le ventre, de la bouche à l'anus; les œufs coulent alors naturellement. La position arquée de la femelle suffit même le plus souvent, et du moins on n'obtient ainsi que les œufs bien mûrs. » Je ne pense pas qu'on puisse considérer comme une modification importante la précaution que prend M. Millet de maintenir la femelle dans la main de l'opérateur, au moyen d'un linge, pour l'empêcher de glisser.

En rapprochant ces deux descriptions, on ne peut qu'être frappé de leur grande analogie, si ce n'est de leur similitude complète, et l'on est autorisé à dire, sans crainte d'être démenti, que dès le début de ses opérations Remy avait apporté dans son procédé toute la perfection désirable, puisque aujourd'hui même on ne fait ni mieux ni autrement que lui.

Dès qu'on a obtenu une certaine quantité d'œufs, il faut aussitôt procéder à leur fécondation et ne pas attendre qu'une femelle ait fourni tous ceux qu'elle contient pour les soumettre tous ensemble à l'action de la laitance du mâle. La nature, qu'il faut autant que possible s'efforcer d'imiter, donne en cela l'exemple. Dès qu'une femelle a déposé sur la frayère une portion de ses œufs, le mâle s'approche aussitôt et les féconde en les arrosant de quelques gouttes de liqueur prolifique.

J'ai déjà dit plus haut qu'on obtient la laitance du mâle

de la même manière qu'on extrait les œufs de la femelle. « Il faut quelquefois, dit M. Millet, presser doucement avec deux doigts au-dessus de l'anus, pour activer et *diriger le jet* de cette laitance. »

Je ne sais trop jusqu'à quel point il est nécessaire de *diriger le jet* de la laitance du mâle ; c'est sans doute pour qu'il tombe sur les œufs auxquels il s'agit de communiquer la faculté d'éclore. S'il est vrai, comme l'ont dit MM. Dumas et Prévost (de Genève), comme l'a répété M. Milne-Edwards, que toute fécondation soit le résultat de l'action exercée sur l'œuf à l'état de maturité par les spermatozoïdes vivants dont est chargée la liqueur séminale, et si cet effet physiologique a lieu par le mélange mécanique des œufs et de la liqueur séminale, il ne paraît pas nécessaire que le contact immédiat de la laitance avec les œufs ait lieu pour que la fécondation s'opère ; celui des œufs avec l'eau spermatisée suffit, et dès lors il semble inutile de *diriger le jet de la laitance sur les œufs* ; il faut seulement avoir soin d'agiter l'eau imprégnée de laitance, afin que le mélange s'opère complétement, et c'est précisément ce que j'ai recommandé dans ma brochure : « On a soin, ai-je dit, d'agiter le liquide, soit avec la main, soit avec la queue du poisson. (1) » Ce qui me fait croire néanmoins que cette recommandation de M. Millet, de *diriger le jet de laitance*, indique suffisamment chez lui la pensée que le contact immédiat est chose indispensable, c'est qu'il l'exprime une seconde fois en disant :

(1) Fécondation artificielle, page 53, ligne 25.

« Au fur et à mesure que les œufs coulent, *on fait tomber quelques gouttes de laitance sur ces œufs.* » Eh bien, je le répète, je ne crois pas que cela soit nécessaire, encore moins indispensable ; je suis convaincu que le mélange de quelques gouttes de laitance avec l'eau qui contient les œufs, suffit pour communiquer à ceux-ci la faculté éclosive.

Si j'ai insisté sur ce point, en apparence peu important, c'est moins pour rappeler la loi physiologique qui préside à la fécondation des œufs, que pour simplifier autant que possible le procédé opératoire. Moins en effet il sera complexe, c'est-à-dire moins il y aura de détails, plus aussi il sera d'une facile exécution, et mieux il se gravera dans la mémoire des pisciculteurs qui, au moment d'opérer, n'auront probablement pas toujours sous les yeux les règles écrites qui leur auront été tracées.

Quant aux vases dont on doit se servir pour recevoir les œufs et les soumettre à l'action de la liqueur fécondante, le premier récipient venu est bon, pourvu qu'il soit propre; une assiette creuse même serait suffisante; cependant M. Millet croit que le meilleur appareil est une passoire, ou mieux un tamis en crin, flottant sur l'eau, ce qui suppose que cette eau est néanmoins contenue dans un vase quelconque. Cette précaution d'un tamis en crin n'a évidemment pour but que d'opérer le lavage des œufs, après un contact suffisamment prolongé avec l'eau laitancée, puisque M. Millet recommande de ne laisser l'eau spermatisée que quelques minutes en contact avec les œufs, puis de laver doucement ceux-ci avant de les placer dans l'appareil d'incubation. C'est ici encore une imitation de ce qui se passe dans l'opération naturelle puisqu'en effet le courant ne permet aux œufs fécondés sur la frayère qu'un contact très-peu prolongé avec la partie de l'eau qui a été laitancée par le mâle, et sert lui-même à opérer immédiatement le lavage indiqué par M. Millet.

Dans une note adressée récemment par cet habile pisciculteur aux agents chargés d'opérer pour lui des fécondations dans les Vosges, je lis ces mots : « Quand les œufs sont fécondés, on enlève ceux qui affectent une teinte blanchâtre ou qui sont tachés de blanc (comme du blanc d'œuf coagulé par la chaleur), parce que ces œufs sont ou gâtés ou morts. » C'est là, sans doute, une bonne précaution, que j'ai moi-même indiquée comme indispensable (1), car rien ne nuit plus au succès de l'opération que le contact des œufs privés de vie avec ceux qui contiennent la faculté éclosive, attendu l'extrême corruptibilité des premiers qui bientôt entraînerait celle des seconds ; mais je ne puis m'empêcher de remarquer que cette précaution recommandée par M. Millet indique que lui aussi, dans ses opérations, obtient quelquefois des résultats négatifs, et que parmi les œufs dont il opère la fécondation, il s'en trouve qui échappent à l'action fécondante de la laitance, car ce sont ceux-là qui sont gâtés ou morts. Il est donc évident que, malgré les perfectionnements apportés par lui, selon le rapport,

(1) Fécondation artificielle, pages 53, dernière ligne, et 54.

au procédé opératoire, il ne réussit pas toujours aussi complétement qu'on semblait l'indiquer; et de cela je suis loin de lui faire un tort, car la nature elle-même a de ces déceptions, et il s'en faut que les œufs déposés par une femelle dans la frayère acquièrent tous la faculté d'éclore; il en est beaucoup qui échappent à l'action fécondante de la laitance; faut-il s'étonner que les pisciculteurs même les plus habiles, M. Millet comme Remy lui-même, ne réussissent pas toujours complétement?

CHOIX DES FEMELLES ET DES MALES ÉTALONS.

Avant d'aborder le chapitre de l'éclosion, je crois devoir dire un mot du choix des sujets, mâles et femelles, destinés à fournir les œufs et la laitance nécessaires au succès de l'opération. Ce serait une erreur de croire que les plus grosses truites femelles seront nécessairement les meilleures et devront être choisies de préférence, Outre qu'elles sont plus rares, elles sont aussi plus difficiles à manier, à maintenir, et, après bien des tâtonnements, Remy s'en tient aux femelles du poids de 300 à 500 grammes; elles fournissent une quantité très-suffisante d'œufs, se rencontrent en plus grand nombre et sont très-faciles à saisir. J'ai déjà dit qu'en temps de fraie la femelle est peu sauvage, et que l'ardeur qu'elle semble mettre dans l'acte de la reproduction lui déguise apparemment le danger qu'elle peut courir, car elle se laisse assez facilement approcher, et il n'est nullement difficile de s'en saisir. D'ailleurs, les pêcheurs de métier savent très-bien où les prendre: quand elles ne sont pas sur la frayère même, ils sont bien assurés de les trouver sous les pierres, dans les herbes, dans les trous, sous les bords et sous les banquettes du rivage. Il est bon d'en avoir toujours une certaine quantité en réserve dans un vivier ou dans des nasses, où l'on dépose aussi celles qui, ayant déjà fourni une certaine quantité d'œufs, en promettent ultérieurement une plus ample moisson. Si l'on n'a pas de réservoir, il est facile de passer une ficelle de l'ouïe dans la bouche d'une femelle et de la tenir ainsi attachée à un piquet dans un courant d'eau ; elle n'en souffre pas le moins du monde, ou du moins ne périt pas pour cela, et l'on croit avoir remarqué que cette captivité momentanée n'est pas sans exercer une certaine action sur la maturité des œufs. Je donne, toutefois, cette observation sous toute réserve. Il est facile, du reste, lorsqu'on s'est emparé d'une femelle, de constater si elle est prête à pondre, parce qu'alors elle a l'anus sensiblement gonflé et enflammé.

Les mêmes observations s'appliquent aux mâles, seulement, si l'on a le choix, on peut les prendre un peu plus gros ; ceux de 500 à 1000 grammes sont préférables à tous autres, et fournissent une proportion de laitance suffisante pour féconder les œufs de 10 à 12 femelles.

INCUBATION.

On sait, par ce qui en a été publié, que dans leurs premières opérations Remy et Gehin se sont d'abord servis de boîtes en bois d'une forme carrée ou oblongue, percée de trous, dans lesquelles ils déposaient les œufs, immédiatement après leur fécondation et qu'ils plaçaient ensuite dans les eaux courantes, claires et limpides, pour préparer l'éclosion (1). Ils ne tardèrent pas à modifier cette pratique: d'abord la forme carrée des boîtes, en changeant la direction de l'eau, n'en laissait passer qu'une quantité insuffisante à travers la boîte et nuisait ainsi au succès. Ils en firent donc de rondes, d'ovales, mais ils ne tardèrent pas à s'apercevoir que le bois est susceptible de se détériorer promptement par son immersion dans l'eau et qu'il donne bientôt naissance à des productions végétales, comme des mousses, des fucus, qui s'étendent jusque sur les œufs et les font périr. Ils furent donc conduits à adopter l'usage de boîtes en zinc de forme ronde, présentant à peu près l'aspect d'une bassinoire, de 20 à 25 centi-

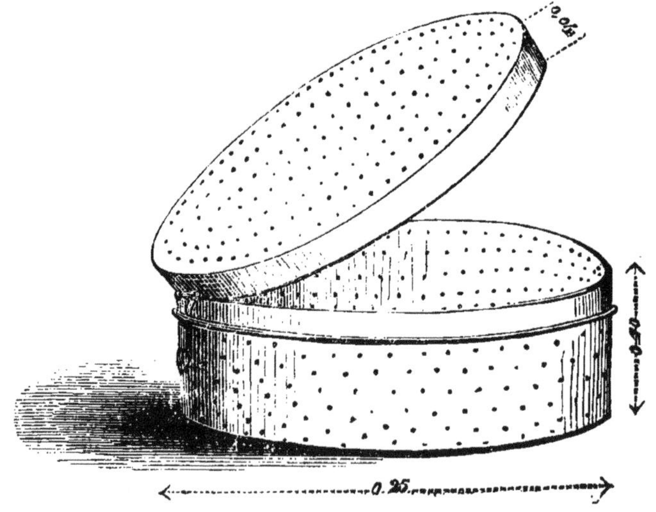

(1) Fécondation artificielle, page 54.

mètres de diamètre sur 10 de profondeur, avec un couvercle de 4 centimètres de hauteur, rendu mobile par une charnière, se fixant au moyen d'un arrêt, et criblées de deux mille trous d'un millimètre à peu près d'ouverture chacun, ce qui permet à l'eau d'y circuler librement (1).

Tels sont encore aujourd'hui les récipients dont se sert Remy pour l'incubation des œufs fécondés; mais, M. Millet les a jugés insuffisants ou défectueux car il ne les a pas adoptés; il les a remplacés par un appareil dont je lis la description dans le rapport de la commission forestière qui s'exprime ainsi à ce sujet : « M. Millet, a réalisé un autre progrès non moins important en *simplifiant* les appareils d'incubation destinés à amener les œufs à parfaite éclosion.

« Observateur intelligent et éclairé, M. Millet a fait un raisonnement bien simple : l'eau est une couveuse humide qui ne doit fournir à l'œuf du poisson que de l'humidité pour l'empêcher de se dessécher, et de l'air pour l'aider à vivre. Par conséquent une eau filtrée et aérée, maintenue à une température convenable, réunirait toutes les conditions voulues pour l'incubation des œufs.

« L'appareil que M. Millet a organisé dans ce but est très-ingénieux et très-simple. Au fond d'un vase d'une capacité de 30 à 35 litres, on entasse des lits de gravier, de sable, de charbon, de manière à faire un filtre à charbon, qu'on remplit avec de l'eau ; cette eau après avoir traversé le filtre, coule par un robinet dans un baquet, qu'elle parcourt dans toute sa longueur ; elle trouve à l'extrémité

(1) Fécondation artificielle, page 64.

une issue par laquelle elle tombe dans un récipient, ou s'écoule au dehors. Les œufs fécondés sont immergés dans l'eau du baquet à une profondeur de un ou plusieurs centimètres, selon les espèces, et sont suspendus dans le liquide sur des châssis ou tamis de crin, de soie, de toile métallique, d'osier en canevas, etc... Ces appareils sont maintenus par de petites tringles qui glissent sur les bords du baquet, de sorte qu'il est toujours facile de remuer ou de déplacer les œufs, d'enlever les châssis pour les nettoyer ou pour transporter les jeunes poissons. On ouvre le robinet de manière à ce que l'eau tombant goutte à goutte fournisse 2 à 3 litres par heure; il suffit dès lors de remplir le réservoir ou filtre chaque soir ou chaque matin. On donne ordinairement au baquet une longueur d'un mètre sur un à deux décimètres de largeur, et cinq à six centimètres de profondeur; à l'extrémité et dans la partie inférieure on pratique une petite ouverture pour un tuyau de vidange destiné à nettoyer le baquet. »

Ainsi s'exprime le rapport au sujet de cet appareil, qu'il dit aussi simple qu'ingénieux. Ingénieux, soit ; mais simple, c'est autre chose, et j'ai là-dessus plus d'une observation à faire.

Pour se rendre raison de l'emploi de cet appareil et de la nécessité où s'est trouvé M. Millet de l'inventer, il faut se rappeler qu'il fait de la pisciculture au quatrième étage d'une maison de la rue Castiglione, à Paris. Cette position explique l'invention, et l'on conçoit très-bien qu'il se soit trouvé dans l'obligation de se créer ainsi une petite rivière en miniature, puisqu'il n'en avait pas d'autre à sa disposition.

Je le répète, cela est très-ingénieux sans doute, et l'on doit louer M. Millet d'avoir su opérer des fécondations au moyen d'un appareil qui s'éloigne d'une façon si complète de ce que la nature met à chaque pas à la disposition des pisciculteurs qui opèrent sur les cours d'eau de nos contrées. Mais présenter l'invention de cet appareil, qui est loin d'être simple, quoi qu'en dise le rapport, comme un progrès important, la commission me permettra de n'être pas du tout de son avis.

En effet, pour imiter ce progrès et ne pas encourir une accusation de retardataire, il faudra donc déserter les cours d'eau naturels, et se réduire à l'emploi de l'appareil de M. Millet? Quoi! lorsque vous avez sous la main des eaux claires, limpides, bien aérées, courant sur un fond de granit ou de gravier, il faudra les abandonner pour adopter la méthode de M. Millet, et faire passer trente à trente-cinq litres d'eau à travers un filtre pour la recevoir dans un baquet, sous peine de passer pour n'être pas l'ami du progrès?

Je comprends parfaitement que l'auteur de cet appareil, réduit à faire ses opérations avec de l'eau de pluie ou de l'eau bourbeuse de la Seine, se soit vu obligé d'avoir recours à un filtre pour avoir de l'eau claire, et qu'il ait construit un instrument à l'aide duquel il peut faire éclore du poisson sur le marbre de sa cheminée, comme le dit le rapport; je proclame que, réduit à cette extrémité, privé de tout autre moyen de faire de la pisciculture de cabinet, il a fait preuve d'un esprit d'invention très-remarquable, et qu'il mérite des éloges auxquels je joindrai de grand cœur les miens; mais qu'on présente ce fait tout exceptionnel, et approprié uniquement à l'usage des pisciculteurs privés d'eau, comme un progrès important; qu'on attribue résolument à cette méthode économique la priorité sur les autres, et surtout sur celle de Remy, c'est ce que je ne puis comprendre et ce que je demande humblement à la commission forestière la permission de ne pas envisager comme elle.

Il n'est personne en effet qui ne convienne que les fécondations opérées dans dés cours d'eau naturels ne soient infiniment préférables; et, si l'on fait un grand mérite à M. Millet d'avoir réduit à 6 fr. (1) la dépense totale de son *établissement*, que dira-t-on de Remy qui l'a réduit à 3? En effet, la boîte dont Remy se sert ne coûte que 3 fr., et rien ne prouve qu'on ne puisse s'en procurer à meilleur prix encore. Eh bien, cette boîte suffit à tout; elle est en même temps le récipient dont Remy se sert pour opérer ses fécondations, et l'appareil dans lequel ont lieu l'incubation et l'éclosion. L'appareil de M. Millet ne sert, lui, qu'à l'incubation et à l'éclosion des œufs qu'on lui adresse ou qu'il recueille tout fécondés; on voit donc que tout l'avantage est du côté de Remy, et que s'il y a progrès, c'est à lui qu'il doit être attribué.

J'aurais compris, par exemple, que, faisant une compa-

(1) L'appareil de M. Millet se vend 25 fr., chez M. Blanchard, quai de la Mégisserie, 50.

raison entre les appareils gigantesques de M. Coste, les sommes fabuleuses qui ont été absorbées en pure perte pour l'établissement de Huningue, et les modestes moyens d'exécution imaginés par M. Millet aux prix presque dérisoire de 6 fr., la commission forestière proclamât l'immense supériorité du procédé de M. l'inspecteur Millet sur la fastueuse et ruineuse mise en œuvre du savant professeur du collége de France. Tout le monde eût été de cet avis ; l'on se fût accordé à reconnaître qu'il y a là en effet un progrès réel, incontestable, et que M. Millet mérite en cela les éloges qu'on ne lui ménage pas. Mais ce n'est pas ainsi que la commission entend ce progrès ; et en vérité, quelque desir que j'aie de joindre mes éloges aux siens en faveur du pisciculteur de la rue Castiglione, je ne puis, à aucun prix, partager son avis sur la simplicité prétendue de l'appareil à incubation dont il se sert.

J'en reviens donc à la méthode de Remy, parce qu'elle me paraît la plus simple, la moins dispendieuse, celle en un mot à laquelle on aura toujours recours dans les circonstances ordinaires, avec le plus de chances de succès. Dès que les œufs sont fécondés, il les dépose dans la boîte dont j'ai donné la description et le dessin à la page 50, après avoir eu la précaution d'en garnir le fond d'un lit de gravier assez épais pour que les œufs ne soient pas en contact avec le métal dont la boîte est faite ; puis, sans autre précaution, il place cette boîte dans un courant d'eau claire, limpide, bien aérée, coulant sur un lit de gravier et d'une température de 6 à 8 degrés Réaumur. Il a soin que l'immersion soit complète et faite de manière que la boîte soit recouverte en tous temps de 4 à 5 centimètres d'eau tout au plus. Une plus grande profondeur serait nuisible, soit parce que la masse d'eau serait trop lourde pour les œufs, soit parce qu'il serait moins facile de lever les boîtes pour les examiner et en faire sortir les dépôts limoneux qui se font quelquefois sur leur contenu.

M. Millet se sert d'un simple tamis en crin ou en toile métallique avec un couvercle mobile; il dépose les œufs sur le fond même du tamis sans aucune couche de gravier ou de sable. Il est possible que cette méthode lui réussisse, surtout pour les œufs de certains poissons dont les mères n'ont pas coutume de déposer leurs œufs dans les petites anfractuosités des couches de gravier, comme fait la truite; mais Remy n'agissant en général que sur cette espèce de poisson, a toujours recours au gravier, et en cela, comme dans tout le reste de sa pratique, il se montre imitateur fidèle de la nature, qui ne fait rien sans motifs plus ou moins apparents, et à laquelle il n'a d'autre but que de venir en aide, sans jamais prétendre la corriger ou la perfectionner.

Les soins à donner aux œufs pendant l'incubation se bornent à les débarrasser de la terre ou des détritus végétaux qui viendraient à s'insinuer dans la boîte, et qui en couvrant les œufs nuiraient à leur éclosion. Si en examinant le contenu des boîtes on s'aperçoit que quelques œufs ont perdu leur belle couleur jaune aurore et leur transparence pour devenir opaques et d'un blanc mat, on les enlève avec soin et on les rejette. Si de fortes gelées interrompaient l'écoulement de l'eau, il faudrait, ou enfoncer un peu les boites, ou les transporter dans un autre cours d'eau, afin que leur contenu ne fût pas privé de ce courant modéré, mais continu, dont il a besoin pour arriver à bien.

ÉCLOSION.

Après quatre-vingts, quatre-vingt-dix, ou cent jours, suivant le plus ou moins de rigueur de la saison, l'embryon rompt l'enveloppe qui le renferme, et le petit poisson sort de sa dépouille. C'est ici le lieu de dire que le point ombilical noir dont j'ai parlé dans ma brochure (1), comme signe certain de fécondation, et comme apparaissant immédiatement après l'action de la laitance du mâle, ne devient en réalité visible qu'aux approches de l'éclosion ; j'ai donc commis une erreur que je m'empresse de réparer, bien qu'elle ne préjudicie en rien au succès de l'opération, mais parce que je veux en tout rester d'une exactitude rigoureuse. Ainsi ce point noir, que les pisciculteurs considèrent comme l'œil de l'embryon, est donc bien en réalité le signe le plus certain de la fécondation de l'œuf, mais il n'apparaît que plus tard.

La durée de l'incubation n'a donc rien de fixe ; elle paraît dépendre du degré de température de l'atmosphère, et par conséquent de l'eau dans laquelle sont plongés les œufs. Remy a remarqué que dans quelques cours d'eau

(1) Fécondation artificielle, page 53.

moins froids que les autres, particulièrement dans ceux qui sortent des lacs qui avoisinent la Bresse, l'éclosion a lieu dix, quinze et même vingt jours avant celle des œufs placés dans des eaux plus froides; il ne s'ensuit pas cependant cette conséquence, qu'en se servant d'une eau dont on élèverait artificiellement la température, jusqu'à lui donner par exemple quinze ou vingt degrés, on parviendrait à abréger le temps de l'incubation, et à devancer l'époque de l'éclosion : pour les œufs de truite, cette pratique a été essayée, et les œufs ont presque tous péri. La nature ne se prête pas à la marche plus rapide qu'on veut lui imprimer, et la culture forcée de la truite ne semble pas avoir réussi jusqu'à présent.

Dès qu'un œuf est éclos, les autres ne tardent pas à l'imiter et bientôt des myriades d'embryons viennent peupler la boîte. La queue du fœtus sort, dit-on, la première; les déchirures qu'elle occasionne à la pellicule de l'œuf forment les nageoires caudales; la tête paraît ensuite à l'extrémité opposée du diamètre de l'œuf, et les nageoires antérieures se forment de même des débris de la pellicule déchirée. L'œuf lui-même, ainsi percé d'outre en outre, forme le ventre du poisson après que la pellicule s'est pareillement rompue à sa partie supérieure pour donner issue au dos. Ainsi la pellicule qui enveloppait l'embryon ne se détache pas; elle se divise et s'étend avec l'animal qu'elle enveloppe de toutes parts, et dont elle devient partie intégrante (1).

(1) Fécondation artificielle, page 55.

Le poisson nouvellement né est d'une extrême vivacité, et il arrive souvent, surtout si le courant de l'eau est un peu fort, que l'embryon, entraîné par le cours de l'eau, vient heurter les parois de la boîte et engage sa queue dans un des mille trous qui la criblent. Il en périt toujours ainsi un certain nombre. Il faut donc avoir soin que le courant ne soit pas trop prononcé, et surveiller attentivement le fretin pour parer à tout accident.

ALIMENTATION ET ÉDUCATION DU FRAI.

Dès que les petits sont éclos, on remarque que chacun d'eux porte au-dessous du ventre un renflement qui donne à l'ensemble de l'animal une forme bizarre dont il serait difficile de se rendre compte, si l'on ne savait que ce renflement n'est autre chose que la vésicule ombilicale, ou vitelline, qui renferme les restes de la matière nutritive qui a servi à développer le fœtus, et qui après l'éclosion sert à nourrir le petit être nouvellement né. Cette nourriture lui suffit pendant les premiers jours et dispense de lui en donner aucune autre. Quelques pisciculteurs prétendent qu'on peut laisser ainsi le frai abandonné à lui-même pendant les quinze premiers jours, et que ce n'est qu'au bout de ce laps de temps, que la vésicule étant absorbée et ayant disparu, il est nécessaire de pourvoir à l'alimentation de l'animal. Selon Remy, cette absorption se fait en moins de temps, 8 à 10 jours suffisent pour la rendre complète. Ces deux opinions, bien que ne s'accordant pas, ne sont pourtant pas aussi contradictoires qu'elles le paraissent ; je tiens d'hommes fort expérimentés en pisciculture que rien n'est absolu à cet égard, et que s'il y a en réalité des cas où la vésicule a complétement disparu au bout de 8 à 10 jours, il y en a d'autres, et peut-être en plus grand nombre, où l'on en voit encore des traces au quinzième jour. Un des élèves de Remy me citait même à cet égard un fait qui mérite d'être cité. En 1852, il lui arriva d'oublier une de ses boîtes dans le cours d'eau où elles avaient été placées pendant l'incubation. Il ne se rappela son oubli que près de trois mois après l'éclosion générale de l'année, et quelle ne fut pas sa surprise lorsqu'en ouvrant cette boîte si longtemps abandonnée, il trouva encore vivants, plus d'une douzaine de petits poissons, devenus longs de plus d'un pouce, donnant encore des marques de vivacité, mais tellement maigres et réduits qu'ils étaient transparents et ne semblaient qu'une pellicule vivante ! Avaient-il vécu aux dépens de la masse des autres ? Cela est probable ; toutefois, la boîte laissait voir dans son fond un grand nombre de cadavres des petits nouveau-nés qui n'avaient pu résister aussi longtemps que les survivants, et qui ne leur avaient pas servi de pâture.

Quoi qu'il en soit, dès que l'on s'aperçoit que la vésicule nourricière a disparu chez le plus grand nombre des petits poissons, il faut ouvrir la boîte et les laisser s'en échapper, en ayant soin que le cours d'eau dans lequel on les abandonne en toute liberté ne renferme pas de poissons carnivores plus gros qu'eux, car ils seraient bientôt victimes de leur voracité.

Dans les premiers temps de la découverte, après le succès de ses premières expériences de fécondation artificielle, Remy ne laissa pas d'être fort embarrassé quand il fut question de nourrir le frai qu'il en avait obtenu. Géhin et lui cherchèrent longtemps la solution de ce problème, qu'ils sentirent bien être la pierre d'achoppement qui pouvait faire échouer la découverte de Remy. En effet, ils se trouvaient acculés entre ces deux difficultés, ou de laisser périr leur frai d'inanition, ou d'adopter pour le nourrir des moyens dispendieux, qui annuleraient la valeur de leurs tentatives de reproduction, puisqu'ils arrivaient par là à un résultat contraire à leurs espérances, c'est-à-dire à produire du poisson dont le prix de revient serait bien supérieur à celui qu'on pouvait se procurer sur les marchés, malgré sa rareté relative, et par conséquent sa cherté.

La première substance dont ils firent l'essai fut les œufs ou le frai de grenouilles. Ils transportèrent dans leur pièce d'eau où ils conservaient leurs élèves, une grande quantité de ces batraciens, et ils réussirent d'abord à les y multiplier; mais cette alimentation insuffisante ne répondit qu'imparfaitement à leurs espérances. Pour ne pas voir périr misérablement les produits de leurs opérations annuelles, ils se virent obligés d'ajouter au frai de grenouilles, qui ne se produit que vers la fin du printemps, du sang coagulé par la cuisson, et même d'autres substances animales, dont l'achat et la préparation absorbaient et au-delà les bénéfices qu'ils pouvaient se promettre de leur industrie. Enfin, ils en arrivèrent à un procédé ingénieux que M. de Quatrefages n'hésite pas à qualifier de scientifique, et qui consiste à semer dans la pièce d'eau qui renferme leurs truites, d'autres espèces plus petites, herbivores, et qui, s'entretenant d'elles-mêmes aux dépens des végétaux aquatiques, servent à leur tour d'aliment aux truites, qui se nourrissent de chair. « De cette manière, dit M. de Quatrefages, tout se passe maintenant dans les réservoirs de Remy et Géhin comme dans la nature entière, et ces pêcheurs sont arrivés à appliquer à leur industrie une des lois les plus générales sur lesquelles reposent les harmonies naturelles de la création animée. »

La solution de cette difficulté radicale, devant laquelle menaçait de s'écrouler l'échafaudage de toutes leurs espérances, mit fin à leurs perplexités, et compléta d'une manière heureuse, la série des épreuves par lesquelles il leur fallut passer successivement, pour faire de la découverte de Remy le véritable remède à l'appauvrissement des cours d'eau et à la ruine des pêcheries.

Je dis que cette difficulté relative à l'alimentation du frai était radicale, parce qu'en effet, si, après avoir réussi à faire éclore du poisson par voie artificielle, on se fût vu dans l'impossibilité de le nourrir autrement que par des moyens coûteux et d'une réussite d'ailleurs fort problématique, la pisciculture était une industrie perdue, une science qui n'avait pas la moindre chance de prendre place parmi les choses sérieuses, et dont on pût se promettre jamais un résultat praticable. A quoi bon en effet produire du poisson qui eût dû se vendre à un prix bien au-dessus de sa valeur réelle, pour que sa production ne ruinât pas en peu de temps le producteur? Et quelle est d'ailleurs la personne sachant un peu calculer qui se fût avisée de se livrer à une pareille industrie? Quels sont les acheteurs désintéressés qui l'eussent fait fructifier?

Toute la valeur de la découverte de Remy venait donc s'annuler devant cette nécessité de pourvoir à l'alimentation du frai; et si un éclair de génie ne fût venu illuminer subitement cette intelligence inculte, que le flambeau de la science n'a jamais éclairée, c'en était fait de la fécondation artificielle, elle était morte pour ainsi dire avant de naître.

Heureusement il n'en a pas été ainsi. L'observation constante de ce qui se passe dans la nature, l'imitation de ses procédés, ont été, sur ce point, comme toujours, le guide de Remy, et lui ont tenu lieu de la science qui lui manque si complétement. Puissamment aidé par la sagacité de Géhin, il a trouvé ce que la science toute seule ne serait peut-être jamais parvenue à trouver. En effet, semer des espèces herbivores, destinées à servir de pâture à des espèces carnivores, qui elles-mêmes deviennent à leur tour la nourriture de l'homme, n'est-ce pas avoir trouvé le moyen le plus naturel, j'ajoute le moins dispendieux, de se procurer une nourriture animale? n'est-ce pas avoir deviné la loi qui préside à l'alimentation, à la transformation perpétuelle des êtres? n'est-ce pas d'ailleurs se conformer merveilleusement aux lois de la Providence elle-même, qui procède toujours du simple au composé, et qui, par les moyens les plus élémentaires, arrive aux résultats les plus complexes et les plus admirables?

Un document récemment publié fait trop bien ressortir cette vérité pour que je ne cède pas au plaisir d'en citer la plus grande partie ; on verra que je ne suis pas seul à apprécier comme je le fais le mérite de la découverte de Remy et des travaux de Géhin, et qu'une plume plus éloquente que la mienne a déjà pris soin de leur assurer la part de gloire qui leur revient.

Dans un rapport fait en 1852 à la Société philomatique, rapport que j'ai déjà cité dans le cours de ce mémoire, M. de Quatrefages, après quelques généralités sur l'appauvrissement progressif des fleuves et rivières, et sur les tentatives incomplètes faites avant Remy et Géhin pour obvier à ce grave inconvénient, continue ainsi : « C'est « alors que l'Académie des Sciences apprit avec étonne- « ment que deux modestes pêcheurs, perdus dans une « vallée des Vosges, avaient, eux aussi, abordé le pro- « blème *et l'avaient complétement résolu.*

« Pour comprendre ce qu'il leur avait fallu de sagacité « et de patience, il suffira de rappeler que ces pêcheurs « étaient complétement étrangers aux études physiolo- « giques ; qu'ils avaient dû, *par eux seuls et sans guide,* « tout apprendre et tout imiter dans les procédés suivis « par la nature pour assurer la multiplication des pois- « sons.

« MM. Remy et Géhin durent d'abord s'assurer de ce « fait, que chez les poissons il n'y a pas d'accouplement, « et que, contrairement à ce qui se voit chez les ani- « maux dont l'observation est la plus journalière, les « œufs sont pondus d'abord par la femelle, puis fécondés « par le mâle.

« Tous ces actes, en quelque sorte préliminaires, ne « s'accomplissent guère que de nuit, au commencement « de la saison froide, *et peu de savants de cabinet au-« raient eu sans doute la tenacité d'observation que « nos pêcheurs ont montrée en cherchant à en recon-« naître toutes les circonstances.*

« De cette connaissance une fois acquise, passer à l'i-« mitation et arriver aux fécondations artificielles *peut « paraître aujourd'hui chose aisée :* la science a tant « de fois reproduit ce fait qu'il n'a plus rien qui nous « étonne: mais reportez-vous par la pensée au temps « des expériences de Spallanzani; rappelez-vous l'en-« thousiasme qu'elles excitèrent dans toute l'Europe, et « vous reconnaîtrez que MM. Remy et Géhin ont fait « preuve d'une intelligence et d'une hardiesse d'expéri-« mentation qui justifient pleinement les récompenses « honorifiques que la Société d'Émulation des Vosges « crut devoir leur accorder. Le savant de Modène s'étai « proposé seulement de reconnaître les lois qui président « à la reproduction des êtres vivants. Il n'avait pas à se « préoccuper de l'élevage des animaux qu'il observait « dans son laboratoire. Le but de nos pêcheurs était tout « autre. Il s'agissait pour eux d'assurer et d'étendre une « industrie qui était leur gagne-pain.

« Ils avaient donc à élever les jeunes poissons éclos « entre leurs mains et à se créer des réserves, des espèces « de pépinières, où ils pourraient emmagasiner leurs pro-« duits, pour les écouler au besoin. Ici commençait tout « un ordre nouveau de difficultés.

« Si MM. Remy et Géhin avaient opéré sur des es-
« pèces herbivores, sur des carpes par exemple, leur
« tâche aurait été bien simplifiée ; les carpillons auraient
« trouvé dans la vase et sur les bords d'un étang ou d'un
« ruisseau une nourriture toute préparée. Mais nos pê-
« cheurs élevaient des truites, et à ces poissons carnas-
« siers il fallait une nourriture appropriée à la fois à leur
« âge et à leurs instincts. Ce problème assez difficile fut
« également résolu à la suite d'expériences fondées sur
« l'observation. MM. et Remy Géhin avaient vu les pe-
« petites truites se nourrir, au moment de leur nais-
« sance, de la substance comme mucilagineuse qui en-
« toure les œufs. Ils songèrent d'abord à leur faire une
« nourriture analogue, et leur donnèrent du fraì de gre-
« nouilles, ce qui réussit fort bien.

« Quand les truitons, devenus un peu plus forts, de-
« mandèrent une nourriture plus substantielle, leurs
« éleveurs eurent d'abord recours à la viande hachée, et
« entre autres à des intestins de mouton ou de bœuf cou-
« pés en lanières très-minces. Mais plus tard, ils recou-
« rurent à un procédé bien plus ingénieux, et *qui mérite*
« *réellement l'épithète de scientifique.*

« Pour nourrir leurs petites truites, ils semèrent à côté
« d'elles, d'autres espèces de poissons plus petites et he-
« bivores; celles-ci s'élèvent et s'entretiennent elles-
« mêmes aux dépens des végétaux aquatiques. A leur
« tour elles servent d'aliment aux truites qui se nour-
« rissent de chair.

« Dans la rivière de MM. Remy et Géhin, tout se passe

« onc maintenant comme dans la nature entière. Ces « pêcheurs sont arrivés à appliquer à leur industrie une « des lois les plus générales sur lesquelles reposent les « harmonies naturelles de la création animée. »

Le procédé d'alimentation imaginé par Remy et Gébin est aujourd'hui d'un usage général et doit servir de règle à tous les pisciculteurs pratiques. Il faut laisser à la science spéculative, les essais malheureux auxquels elle paraît encore se livrer aujourd'hui pour faire mieux, ou du moins pour faire autrement que la nature ; il faut se contenter de déplorer cette incurable manie des savants de s'éloigner des voies naturelles, et de se jeter, sans doute pour la plus grande gloire de la science, dans des complications qui ne servent, en définitive, qu'à en montrer l'impuissance et à en constater l'infériorité devant la pratique. Que M. Coste prétende avoir complétement réussi *à détourner les jeunes truites des préférences de leur instinct en les nourrissant de pâtées de chair musculaire*, est-ce là, je le demande, de la pisciculture sérieuse ? Qu'il ait fait passer sous les yeux de ses collègues de l'Institut, comme pièce justificative, un saumon, sur deux mille qu'il élève dans un vivier, par le même procédé que les jeunes truites qu'il *détourne de leur instinct*, qu'est-ce que cela prouve ? Il s'est bien gardé de dire à quel prix lui revenait chacun de ses saumons, et surtout de répondre à la question que lui adressait dernièrement un des plus spirituels critiques de la presse scientifique, savoir : combien il restait de ces malheureux saumons ainsi nourris, et même s'il en restait ? Encore une fois, ce n'est pas là de la vraie pisciculture pratique; ce n'est pas en nourrissant le frai avec de la pâtée de chair musculaire qu'on parviendra à repeupler nos cours d'eau, à rendre à la pêche son ancienne activité et à reconstituer pour les communes et pour l'État les revenus que fournissait la location des fleuves, rivières et canaux, alors que l'influence des causes dont j'ai parlé n'en avait pas à peu près occasionné la ruine en détruisant progressivement le poisson.

Je crois devoir insister sur ce point, dans l'intérêt même de la pisciculture, dont on a gravement compromis l'avenir aux yeux des hommes sensés, en en faisant l'objet d'expériences hasardeuses, dont le plus simple bon sens suffisait à faire prévoir la malencontreuse issue.

Si, en effet, on eût pris pour point de départ des essais d'application qu'on se proposait de faire de la méthode imaginée par les pêcheurs de la Bresse, la nécessité de faire les choses de la manière la moins dispendieuse, afin de maintenir le prix de la substance produite à un taux qui ne dépassât pas, tout au moins, sa valeur réelle, on ne se fût pas ainsi fourvoyé ; il ne s'agissait pas, en effet de produire quelques pièces exceptionnelles, propres à être servies sur des tables princières et à exciter l'admiration de quelques académiciens; la pisciculture a un tout autre but: elle se propose non-seulement de produire du poisson pour repeupler nos cours d'eau, mais encore de faire en sorte que, l'abondance remplaçant la disette actuelle, cette substance alimentaire saine autant qu'agréable et de facile digestion, soit à la portée de tout le monde par son bon marché, et que, son usage se répandant dans toutes les classes de la population, vienne y tenir lieu de viande de boucherie, dont le prix élevé en fait un objet de luxe interdit à un si grand nombre de personnes.

Voilà, si je ne me trompe, le vrai but de la pisciculture. Si la découverte de Remy a été accueillie comme un bienfait, c'est qu'on y a vu un moyen commode et économique de multiplier assez le poisson dans un cours d'eau, pour que les populations riveraines en puissent tirer le même parti que les habitants du littoral de la France tirent de la pêche de la marée, dont les produits servent non-seulement à alimenter le commerce considérable qu'elles en font, mais encore à occuper la population et à lui servir de nourriture.

Faut-il encore s'étonner que les personnes qui avaient suivi avec intérêt les premiers travaux de Remy, qui avaient vû avec une satisfaction réelle sa merveilleuse industrie prendre de l'extension, exciter une vive curiosité, puis stimuler les hommes pratiques et les pousser à des expériences, quelquefois hasardées, mais du moins consciencieusement conduites, que ces personnes se soient inquiétées d'abord, puis sincèrement affligées de voir la question de la fécondation artificielle, détournée de sa véritable voie, devenir entre des mains maladroites, l'objet de tentatives insensées qui ne pouvaient conduire à rien d'utile et de sérieusement applicable? Quels résultats pouvait-on, par exemple, se promettre d'un établissement comme celui d'Huningue, aussi follement gigantesque, aussi démesurément disproportionné au but qu'on se proposait en le créant, aussi onéreux pour l'État, et dont le plan, en opposition complète avec l'idée qui l'avait inspiré, a mis dans une si complète évidence l'impuissance radicale de la science purement spéculative à réaliser les conceptions qui exigent avant tout de la pratique, ou, pour dire les choses plus simplement, du métier? A supposer même qu'on eût réussi à y faire éclore du poisson, à l'y faire grossir jusqu'au point de le rendre propre à être versé dans les cours d'eau qu'il s'agissait de repeupler, s'est-on jamais demandé comment on pourrait soutenir un pareil établissement et de quels prix seraient les produits qui en sortiraient? Ne faut-il pas qu'en toute circonstance les moyens soient proportionnés aux résultats qu'on veut obtenir, et ne voit-on pas toujours l'État payer bien plus cher que les particuliers, toutes les fois qu'il s'avise de se faire entrepreneur ou fabricant?

Aussi, les promesses de M. Coste sont-elles restées, jusqu'ici du moins, dans le domaine des utopies, et tandis que chaque année le simple pêcheur Remy opère la fécondation de près d'un million d'œufs, tandis que cette prodigieuse quantité donne naissance à des myriades de petits poissons dont la plus grande partie arrivent à maturité, à travers les vicissitudes qu'ils rencontrent, comme s'ils étaient venus naturellement, peuplent déjà les ruisseaux des hautes vallées des Vosges, l'établissement de Huningue donne lieu à des rapports, très-savants sans aucun doute, très-propres à charmer messieurs de l'Institut, mais impuissants jusqu'aujourd'hui à produire les résultats qu'on s'en promettait, c'est-à-dire le repeuplement des eaux de France, au moyen des convois d'alvin né et élevé dans l'établissement piscicole, pour la prospérité duquel, cependant, on n'a rien épargné.

Voilà précisément ce qui a déprécié la pisciculture, ce qui a donné lieu de douter qu'elle pût jamais réaliser les promesses faites en son nom. Il ne suffit pas de s'ériger en maître, de poser des principes, de bâtir des théories ; il ne suffit pas même de faire éclore, dans un appareil ingénieusement conçu, quelques centaines, voire même quelques milliers de truites ou de saumons, pour proclamer qu'on a résolu le problème du repeuplement de tous les cours d'eau, et qu'on va doter la France de toutes les richesses ichthyologiques que renferment tous les fleuves du monde. Ce qu'on a fait jusqu'ici répond peu à la magnificence de ce programme ; cela peut paraître satisfaisant aux amateurs qui ne connaissent le poisson et la manière de le produire artificiellement que parce qu'ils en ont vu au collége de France. Rien n'est plus facile, en effet, que de procurer à ce public, en général peu connaisseur, qui fréquente les cours, le spectacle de l'éclosion, à heure prévue, d'une certaine quantité d'œufs, et de nourrir, sous les regards charmés de spectateurs complaisants, des poissons fraîchement éclos avec de la pâtée de viandes cuites et hachées menu ; là n'est pas la difficulté : ce qu'il faudrait, ce serait montrer d'autres résultats plus positifs et surtout plus concluants : par exemple, la réussite de la fameuse expérience qu'on se proposait de tenter sur le Rhône, dans les eaux duquel on devait, dès le mois de mai dernier, jeter six cent mille saumons ou truites, *pour montrer ce qu'on doit attendre de l'industrie naissante.*

Tant qu'on n'aura pas de pareils arguments à opposer aux détracteurs de la science nouvelle, toutes les démonstrations verbales ou imprimées qu'on hasardera auront peu de poids et trouveront peu de créance. C'est par des faits qu'il faut détruire les préventions nées de promesses non réalisées, de projets avortés, présentés néanmoins comme des faits accomplis, et je doute que ce soit en persistant dans les errements suivis jusqu'ici qu'on y parvienne jamais. Les moyens qu'on préconise, bons pour des démonstrations théoriques, pour un enseignement public, pour des expériences de laboratoire, me paraissent inapplicables en pratique, et d'une réalisation impossible : jamais un particulier quelque peu prévoyant ne s'avisera de repeupler ses pêcheries avec du poisson qui reviendrait à 4 ou 5 fr. la livre au minimum ; et si l'État peut se permettre, comme essai, comme expérience, de ces fantaisies princières, je doute qu'une administration prudente et éclairée se décide à adopter définitivement des moyens de repeuplement si coûteux et, de plus, si peu assurés, si l'on en croit M. de Quatrefages lui-même : « ... D'ailleurs, concentrer sur un seul point tous les moyens de repeuplement de nos eaux ; c'est s'exposer à d'immenses mécomptes. Les poissons ont, pour ainsi dire, leur muscardine. Les conferves parasites qui envahissent parfois si promptement, soit les œufs, soit les jeunes, soit même les individus déjà forts, pourraient détruire d'un seul coup les ressources préparées et amassées *à grands frais.* » (*Recherches sur la vitalité des spermatozoïdes de quelques poissons d'eau douce.*)

Que le lecteur veuille bien me pardonner cette digression, peut-être un peu longue, mais que je n'ai pas jugée inutile dans un ouvrage du genre de celui-ci. J'écris surtout pour les pisciculteurs pratiques, pour les hommes qui tiennent moins au brillant de l'expérience qu'au positif du résultat; j'ai voulu les prémunir contre les séductions que pourrait exercer sur eux l'autorité de l'auteur des *Instructions pratiques sur la pisciculture*, et la confiance absolue qu'il affecte dans des résultats qui sont tout au moins incertains. Je leur propose ici un guide plus assuré et qui ne trompe jamais, LA NATURE, qu'il ne s'agit que d'imiter, en se gardant bien de vouloir faire mieux qu'elle. « L'essentiel est de suivre la *nature* dans ses opérations, m'écrivait encore tout récemment Remy, et de lui venir seulement en aide: voilà, à mon avis, en quoi se résume le grand art de la pisciculture, où la nature agissant par elle-même, exécute ses opérations avec la plus grande simplicité, et ce ne sont pas des millions de francs répandus avec profusion et sans intelligence qui lui feront faire des merveilles. Avec le quart de ce que le gouvernement a affecté à l'établissement d'Huningue, j'aurais pu faire bien des choses utiles, tandis que voilà déjà au moins 60,000 fr. dépensés en pure perte. » Ce langage est assurément moins superbe que celui du rapport adressé, le 12 juillet 1852, à M. le ministre de l'Agriculture et du Commerce, *sur les moyens de repeupler toutes les eaux de France;* mais, si je ne me trompe, il est plus conforme à la vérité et surtout à la simplicité des moyens qu'il serait nécessaire de mettre en usage pour arriver au magnifique résultat qu'on poursuit en vain sans pouvoir l'atteindre, bien qu'on le représente, en toute occasion, comme depuis longtemps obtenu.

TRANSPORT DES ŒUFS.

Pour compléter les renseignements que je n'hésite pas à donner au public, même après la publication des *Instructions pratiques sur la pisciculture*, je dois dire quelques mots des divers moyens imaginés pour opérer le transport à toute distance des œufs fécondés.

Dans les premiers temps de sa découverte, Remy n'avait pas trouvé de meilleur moyen pour adresser des œufs aux personnes qui lui en faisaient la demande, que de les mettre dans un vase rempli d'eau fraîche, fermé de façon à permettre l'entrée de l'air et qu'il recommandait tout simplement aux conducteurs de diligence pour le renouvellement de l'eau, si le voyage devait durer plus d'un jour. J'en ai reçu moi-même par cette voie et j'en ai adressé à M. Carnot, ancien ministre de l'Instruction publique; mais la plus grande partie avait péri en route, et il fallut bientôt renoncer à ce mode d'envoi, qui était loin d'être sûr et surtout économique. Après ces tâtonnements, qui ne cessèrent que vers l'époque du premier voyage de Géhin dans quelques départements de l'Est de la France, les deux pêcheurs en vinrent à l'emploi d'un moyen imaginé par Géhin, et qui consiste dans des lits de gravier superposés, renfermés dans une boite à éclosion, et dans les interstices desquels on introduit les œufs fécondés. Ce moyen, quoique toujours suivi de résultats heureux, avait pourtant des inconvénients, et Remy en a définitivement adopté un autre qui est aussi conseillé par M. Millet. Il dépose tout simplement les œufs entre deux linges mouillés qu'il renferme dans une boîte plate, percée de trous, faite de bois ou de métal, en ayant soin de remplir le vide avec de la mousse ou des plantes aquatiques, que le linge sépare des œufs, et qui ont pour effet d'empêcher le ballottement de ceux-ci. Les boîtes à éclosion sont excellentes pour cet usage; on a soin de les bien fermer, de les ficeler même pour qu'elles ne puissent pas s'ouvrir, et l'on recommande aux destinataires d'immerger la boîte dès son arrivée. On ôte ensuite doucement la mousse, on déploie le linge, et on fait doucement glisser les œufs dans une boîte à éclosion préparée à l'avance et munie d'un lit de gros gravier. De cette manière, il est rare qu'on ne réussisse pas à préserver les œufs de tout accident.

M. Coste, après avoir blâmé le moyen primitivement employé par Remy et Géhin, c'est-à-dire l'envoi des œufs dans des boîtes remplies de gravier, propose de remplacer le gravier par du sable fin; mais il est à craindre que, malgré les précautions minutieuses qu'il recommande pour l'arrangement alternatif des couches d'œufs et des couches de sable (1), les œufs qui occupent la partie inférieure de la boîte ne soient écrasés par le poids du sable mouillé, qui tend toujours à se tasser et à se transformer en une masse compacte, qui ne permet plus d'ailleurs la libre circulation de l'air, absolument nécessaire à la conservation des œufs. Tout bien considéré, je n'hésite pas à conseiller le moyen que j'ai indiqué; il est aujourd'hui exclusivement mis en usage par Remy ; M. Millet, en approuve l'emploi, comme le meilleur et celui qui jusqu'ici a présenté le plus d'avantages.

Quant au transport de l'alevin, il semble inutile d'en faire l'objet d'une instruction spéciale. Si, comme le propose M. Millet, l'éclosion des œufs est ménagée près de chaque cours d'eau à repeupler ; si chaque rivière est pourvue d'une réserve du poisson qui convient le mieux à ses eaux, on aura peu d'occasions de pourvoir au transport de l'alevin. En ayant soin de jeter dans un des affluents du cours d'eau à repeupler, l'alevin suffisamment gros et en suffisante quantité, il gagnera naturellement ce cours d'eau et saura bien y trouver de lui-même des moyens d'alimentation. C'est ainsi que Remy s'y prend chaque année pour jeter dans la Moselotte, rivière qui arrose la vallée au sommet de laquelle se trouve le village de la Bresse, la quantité de petits poissons qu'exige de lui l'administration des eaux

(1) Instructions pratiques sur la pisciculture, pages 55 et 56.

et forêts, en retour de la permission qu'il a obtenue de pêcher en temps prohibé. Il verse son alevin dans un ruisseau qui va grossir la Moselotte, et la petite truite a bientôt gagné la rivière.

Le moyen proposé par M. Coste est en parfaite harmonie avec les expériences qu'il tente; il est calculé sur une échelle aussi grandiose. Ce n'est rien moins que des bateaux ou de grandes barques converties en viviers, et au moyen desquels on opère le transport *des élèves de Huningue* dans les cours d'eau qui leur sont ultérieurement destinés. On comprend qu'il n'est pas donné à tout le monde de se servir de pareils moyens, et que le gouvernement seul, ou une puissante exploitation, peut s'en permettre d'aussi coûteux. Ceux pour lesquels j'écris sauront se contenter du moyen plus modeste et plus expéditif que je propose ici, et qui a pour lui la sanction de l'expérience.

TABLEAU

des principales espèces de poissons qui se reproduisent dans les eaux douces, avec l'époque de la ponte et de l'éclosion des œufs.

	NOMS DES ESPÈCES.	ÉPOQUES DE LA PONTE.	ÉPOQUES DE L'ÉCLOSION.
1	Saumon.	D'octobre à décembre et même à janvier. . .	Février et mars.
	Saumoneau. { Tacon, ou Tasson de quelques pays. *René*, dans les Vosges . . .	*Id.* à *id.*	*Id.* *id.*
2	Truite de rivière ou de ruisseau.	*Id.* à *id.*	*Id.* *id.*
3	Ombre.	Mars	Fin avril et comm. mai.
4	Brochet.	*Id.*.	Avril et mai.
5	Perche.	Avril et mai.	Juin et juillet.
6	Gremille ou Goujon-Perche. . .	Avril.	Mai.
7	Anguille.	Vivipare.	Mars et avril. .
8	Lotte.	Décembre et janvier. .	*Id.* *id.*
9	Barbeau.	Fin de juin.	Dernière 15e de juillet.
10	Vaudoise ou Dard.	Fin mars et comm. avril.	Fin d'avril
11	Naze ou Chiffe.	Avril ou comm. de mai.	Juin.
12	Goujon.	Mai.	*Id.*
13	Spirling (*Albus bipinctatus*. Bloch, souvent confondu avec l'Ablette).	*Id.*.	*Id.*
14	Loche.	Mai et juin	*Id.*
15	Chabot (Têtard bavard) . . .	*Id.* à *id.*	*Id.*
16	Véron (Gravière).	*Id.* à *id.*	*Id.*
17	Epinglier (Prêtre).	Mai.	*Id.*
18	Meunier (Vilain, poisson blanc).	Mai et juin.	*Id.*

Les poissons désignés sous les n[os] de 10 à 18 sont herbivores, et leurs petits, fraîchement éclos, peuvent être utilisés pour la nourriture des autres espèces qui sont carnivores, principalement de la truite et du saumoneau qui, nés en février et mars, sont déjà en état de se nourrir du menu frétin qui naît presque tout en juin.

RESUMÉ DE L'OUVRAGE

OU

INSTRUCTION SOMMAIRE A L'USAGE DES PERSONNES QUI VOUDRAIENT SE LIVRER A LA PISCICULTURE.

La pisciculture, ou art de faire éclore du poisson vivant, n'est autre chose que l'imitation de la nature dans l'acte de la reproductiou du poisson (1).

Les procédés propres à atteindre ce but ne peuvent être mis en usage qu'à l'époque où la femelle est prête à déposer ses œufs.

Ce moment diffère d'époque et de durée suivant les différentes espèces de poissons. (Voir le Tableau ci-contre.)

On désigne sous le nom de *frai* le produit de la ponte des femelles; l'endroit où se fait cette ponte s'appelle *frayère*. La *fraie* s'entend de la saison où la femelle dépose ses œufs et où le mâle vient les féconder.

(1) La truite étant l'espèce de poisson sur laquelle ont eu lieu les expériences de Remy, c'est d'elle seule qu'il est question dans l'ouvrage dont je donne ici le résumé; les préceptes que je pose n'ont donc pour objet que la Fécondation artificielle des œufs de truite, leur éclosion et l'éducation des produits. A l'aide du tableau que j'ai placé ci-contre, il est facile d'appliquer ces préceptes à toutes les espèces de poissons d'eau douce qui y sont désignées.

La truite entre en fraie (dans les Vosges) du 15 au 30 octobre et la termine du 1er au 15 janvier. Mais dans les premiers quinze jours comme dans les quinze derniers, l'opération est peu active.

Généralement la truite fraie seule; il n'est pas rare pourtant de rencontrer 5, 6 et même 10 femelles sur la même frayère, pour peu qu'elle soit vaste et bien disposée; mais alors elles mettent un certain intervalle entre elles.

Le froid a une influence marquée sur la fraie : plus l'hiver est précoce et rigoureux, plus la fraie se rapproche du 15 octobre et s'éloigne du 15 janvier.

La température de l'eau préférée par la truite au temps de la fraie est de 5 à 10 degrés.

Une truite est apte à se reproduire dès l'âge de 2 à 3 ans. Les plus grosses fraient les premières. Les truites qui fréquentent la partie des cours d'eau qui se rapproche de la source, sont toujours en avance de 15 à 20 jours sur les autres.

Dès que la truite entre en fraie, elle se montre peu sauvage et peut être facilement saisie: aussi se procure-t-on aisément des sujets pour opérer la fécondation artificielle.

La femelle fréquente la frayère préférablement la nuit, au lever du jour, vers deux heures de l'après-midi, et au coucher du soleil. Pendant le reste du temps elle se tient aux environs, sous des quartiers de roches, dans les anfractuosités des bords, sous les banquettes du rivage ou dans les grandes herbes.

Une femelle ne dépose pas ses œufs tout d'un coup et d'un même jet, mais seulement au fur et à mesure de leur maturité. Dès qu'une partie des œufs est déposée, le mâle s'empresse de les imprégner de sa laitance pour les féconder. Ce mâle est presque toujours le même pour la même femelle. Cette disposition paraît particulière à la truite.

Les différentes phases de la lune paraissent n'avoir aucune influence sur la fraie, malgré le préjugé contraire assez généralement répandu.

Un vent impétueux et, en général, les intempéries de l'atmosphère, en ont, au contraire, beaucoup : la femelle interrompt son travail de fraie par le mauvais temps, pour ne le reprendre qu'au retour du calme.

On reconnaît qu'une femelle est prête à pondre, quand l'anus est sensiblement gonflé et enflammé.

Quand les œufs sont à terme, c'est-à-dire à un degré convenable de maturité, ils coulent facilement à la moindre pression et s'isolent en tombant. Quand ils sont liés les uns aux autres par des espèces de filets bleuâtres et gélatineux, c'est qu'ils ne sont pas suffisamment mûrs.

Pour opérer la fécondation artificielle, il faut attendre que la fraie soit bien prononcée et se procurer plusieurs femelles et quelques mâles qu'on met en réserve dans un vivier, ou dans un cours d'eau qu'on barre en dessus et en dessous, de manière qu'ils ne puissent s'échapper.

Pour récolter les œufs, il suffit de tenir la femelle verticalement, la tête en haut, ou dans une position arquée, si elle est petite ; l'anus placé au-dessus d'un vase à moitié plein d'une eau claire et limpide, qui sera autant que possible celle du cours d'eau ou la truite aura été prise. Pour que le poisson ne glisse pas de la main qui le tient, on l'enveloppe dans un linge en ayant soin de laisser le ventre en dehors.

Puis on passe légèrement deux doigts sur le ventre, en allant de la tête à l'anus, sans y mettre la moindre force. Les œufs coulent alors naturellement et sont reçus dans le vase préparé à l'avance. Immédiatement après, on saisit un mâle, qu'on place dans la même position, et, à l'aide des mêmes moyens et des mêmes précautions, on fait couler une portion de sa laitance dans le vase qui contient les œufs. Aussitôt l'eau se trouble; on l'agite alors, soit avec la main, soit avec la queue du poisson ; après une minute ou deux, on fait écouler l'eau laitancée, et on place les œufs dans l'appareil à éclosion, préparé d'avance. On peut se servir pour recueillir les œufs d'un vase quelconque. Remy a simplifié l'opération en se servant de la boîte en zinc destinée à l'éclosion.

Quand une femelle a fourni la quantité d'œufs en maturité qu'elle contient, on la remet dans la réserve, pour la soumettre plus tard à une nouvelle opération.

On fait de même pour le mâle ; quand on s'en est servi pour laitancer une certaine quantité d'œufs, on le laisse reposer pour le reprendre plus tard.

Un mâle suffit pour féconder les œufs de plusieurs femelles.

Une femelle morte récemment n'est pas pour cela

impropre à la fécondation artificielle ; il faut recueillir avec soin les œufs qu'elle contient et les faire féconder par le moyen ordinaire ; ils ne perdent leur vitalité qu'après plusieurs jours. Cependant, toutes choses égales d'ailleurs, les œufs provenant de femelles vivantes doivent toujours être préférés.

De tous les appareils à éclosion, le plus simple est la boîte légèrement sphérique dont se sert Remy ; elle est en zinc et a la forme d'une bassinoire ; elle a de vingt à vingt-cinq centimètres de diamètre, sur huit à dix de profondeur : le couvercle, rendu mobile par une charnière, a quatre centimètres de hauteur et se ferme au moyen d'un arrêt. Elle est criblée de 2000 trous d'un millimètre chacun d'ouverture, qui permettent à l'eau de circuler librement dans son intérieur. Chacune peut contenir 1000 à 2000 œufs, déposés sur un lit de gravier qui empêche leur contact avec le fond.

Le mieux est de multiplier le nombre des boîtes et de diminuer le nombre des œufs que chacune doit contenir. 1000 paraît une quantité suffisante.

On les place dans des cours d'eau peu rapides, mais clairs et limpides, de manière qu'elles soient recouvertes de 4 à 5 centimètres d'eau.

On les ouvre de temps en temps pour s'assurer que les œufs ne sont pas recouverts de limon, de mousse ou autres substances qui les étoufferaient, ou détruiraient les germes qu'ils contiennent.

On a soin d'éliminer les œufs qui ont perdu leur transparence et leur couleur saumonée, pour devenir opaques et blanchâtres comme des boules d'albumine coagulée. Ils sont morts et gâteraient infailliblement les autres.

Dès qu'un point noir apparaît sur un des points de la circonférence de l'œuf, le moment de l'éclosion n'est pas éloigné, et il faut visiter les boîtes plus souvent.

Dès qu'un œuf est éclos, les autres ne tardent pas à s'ouvrir; il faut alors surveiller attentivement les boîtes, parce qu'il arrive souvent que les embryons, entraînés par le courant, engagent leur queue dans les trous de la boîte; il faut alors les dégager doucement, sans quoi ils périraient.

Les embryons fraîchement éclos portant sous le ventre une vésicule qui suffit à les nourrir pendant quelques jours, il faut bien se garder de leur donner une nourriture quelconque.

Dès que la vésicule a disparu, ce qui arrive généralement du vingt-cinquième au trentième jour, il faut pourvoir à leur alimentation (1).

Malgré des assertions contradictoires et des expériences de laboratoire, peu concluantes en cette matière, le meilleur mode d'alimentation des jeunes truitons paraît être l'emploi du sang coagulé par la cuisson, ou le foie de bœuf ou de veau cuit et divisé en particules très-ténues.

(1) J'ai dit, page 56 de ma brochure sur la Fécondation artificielle, qu'on pouvait, dès le sixième jour de leur éclosion, pourvoir à l'alimentation des petits truitons. C'est une erreur que je m'empresse de reconnaître et de rectifier. Je remercie M. Coste de l'avoir déjà fait dans ses Instructions pratiques sur la pisciculture, quoiqu'en termes un peu rudes.

Cette alimentation, qui ne laisse pas d'être coûteuse, doit cesser le plus tôt possible. Après un mois de ce régime, l'alevin laissé libre sera introduit dans une pièce d'eau réservée pour lui seul, et où l'on a eu soin préalablement de lâcher quelques poissons herbivores de petite espèce, comme l'ablette ou le meunier (vilnot), d'une reproduction facile et nombreuse, et qui, se nourrissant aux dépens des herbes du fond et des berges, servent à leur tour de pâture aux petites truites, qui, on le sait, sont carnivores. On sait d'ailleurs que les jeunes truites se nourrissent aussi d'une foule d'insectes qui vivent à la surface des eaux et qui y tombent accidentellement, et même de petits vers de terre nouvellement nés. Elles se mangent même entre elles, et il y en a toujours quelques-unes restées plus petites qui deviennent victimes des autres.

Sous l'influence de cette alimentation naturelle, le jeune poisson ne tarde pas à grandir et à devenir assez fort pour qu'on puisse sans inconvénient lui donner toute liberté. Par son agilité et ses ruses, il déjoue les piéges que lui tendent les poissons voraces, même ceux de son espèce, et échappe en grande partie aux chances de destruction ; puis, par les affluents, il gagne les cours d'eau plus considérables, s'y établit, s'y alimente facilement, et au bout de 2 à 3 ans devient à son tour propre à la reproduction.

La truite née au commencement d'une année peut atteindre, dans les douze mois qui suivent, un poids de 60 à 70 grammes ; pendant la seconde année, elle arrive à celui de 150, et avant la fin de la troisième, elle pèse 250 à 300 ; il y a même des variétés où les sujets ne deviennent guère plus gros et dont la chair est excellente.

Pour transporter des œufs fécondés à toutes distances, différents moyens ont été préconisés. Des boîtes à éclosion, remplies de gravier, dans les interstices desquelles se placent les œufs (Géhin); des boîtes rondes légères, faites en bois blanc et remplies de couches alternatives de sable fin et d'œufs (M. Coste); des boîtes plates en bois, dans le genre de celles qui renferment les bonbons de baptême, ou bien en métal, dans lesquelles on dépose les œufs entre les deux linges mouillés (Remy et M. Millet). De tous ces moyens proposés tour à tour, ce dernier me paraît devoir être préféré, et je n'hésite pas à le recommander d'une manière toute spéciale aux pisciculteurs.

Tels sont les préceptes à l'aide desquels chacun peut se livrer à des essais de repeuplement des cours d'eau, au moyen de la fécondation artificielle. Tel est l'ensemble des indications fournies par Remy lui-même, le plus expérimenté des pisciculteurs, celui qui sans contredit compte jusqu'à présent le plus de succès.

Suivre en tout la nature, l'imiter dans tous les actes qui préparent, accompagnent et suivent le grand fait de la reproduction des poissons ; lui venir en aide seulement au point de vue de la soustraction des œufs à toutes les chances fâcheuses qui amènent chaque année la perte d'un si grand nombre; faire les choses avec cette simplicité de moyens dont la nature use toujours, même pour arriver aux résultats les plus complexes; proportionner en toute occasion ces moyens au but qu'on veut atteindre; ne pas viser à des perfectionnements chimériques, qui éloignent de ce but en ne produisant d'ailleurs de résultats utiles que par des voies dispendieuses et la plupart du temps inapplicables, tel a toujours été le mobile de la conduite de Remy. C'est à l'aide de ce principe invariable, *imiter la nature*, qu'il en est venu à faire aussi bien qu'elle, à opérer avec une certitude qui lui assure le succès, et à mériter d'être considéré par tous les esprits justes, par les hommes réfléchis qui mettent le résultat en première ligne, comme le guide le plus sûr, comme le véritable fondateur de cette science nouvelle, qui essaye encore ses premiers pas qu'on appelle *la Pisciculture*.

FIN.

RÉPONSE

A QUELQUES PASSAGES DES INSTRUCTIONS PRATIQUES SUR LA PISCICULTURE.

L'autorité qui s'attache au nom de M. Coste est trop juste et trop grande, pour que je laisse passer sans y répondre quelques assertions que je trouve dans ses *Instructions sur la pisciculture.*

L'ouvrage que j'offre en ce moment au public était à peu près terminé, lorsque le livre du savant professeur du collége de France m'est parvenu. J'en avais bien lu quelques fragments dans certains journaux ; je connaissais le *Mémoire sur les moyens de repeupler les eaux de France*, et le *Rapport au ministre de l'Agriculture*, par ce qu'en avait dit le *Moniteur*, mais j'ignorais que M. Coste eût réuni le tout en corps d'ouvrage; ce n'est qu'au moment où je terminais moi-même mon manuscrit, que cet ouvrage m'a été connu ; je me suis empressé de le lire d'un bout à l'autre, et je n'hésite pas à dire que, même après cette nouvelle production de l'illustre académicien , l'histoire de la pisciculture est encore à faire ; que les préceptes à suivre pour les personnes qui voudraient s'essayer dans l'application de cette science nouvelle sont encore à établir.

Aussi, loin d'être découragé dans l'œuvre que j'avais commencée, me suis-je senti animé d'une nouvelle ardeur ; j'ai compris, en effet, qu'il fallait se hâter de rétablir les faits si étrangement transformés par la plume élégante de l'auteur des *Instructions pratiques*; de faire connaître au public la méthode simple et naturelle suivie par Remy, pour opérer chaque année la fécondation artificielle d'une innombrable quantité d'œufs et procurer l'éclosion des milliers de poissons qu'il jette dans les ruisseaux des hautes vallées des Vosges.

S'il ne s'agissait en définitive que de faire des expériences de cabinet, de pratiquer de la pisciculture de laboratoire, et d'élever des sujets propres à être montrés comme spécimen de ce que peut devenir, dans un temps donné, un jeune poisson nourri avec de la pâtée de viande, ou avec de la chair crue et pilée de poissons blancs, les *Instructions pratiques* seraient merveilleusement propres à atteindre ce but. Mais ce n'est pas ainsi que je comprends la science du repeuplement des cours d'eau, et je défie l'homme même le plus intelligent, d'apprendre cette science avec le livre de M. Coste.

Ce qu'il est important de connaître quand on veut faire de la pisciculture, ce sont les détails de la pratique, c'est la mise en œuvre du métier ; ce qu'il faut savoir avant tout, c'est comment procède la nature, car il n'est pas possible de l'imiter, si on ignore comment elle s'y prend. Eh bien ! c'est ce que j'ai cherché en vain dans les *Instructions* qu'on intitule *pratiques*. Je n'y ai pas trouvé un mot sur les mœurs et les habitudes du poisson, sur l'époque de la fraie, sur les diverses influences qu'elle subit, sur les phénomènes si curieux qui se produisent dans ce moment, sur le choix et la recherche des femelles, sur mille autres détails qu'il est indispensable de savoir, sans la connaissance desquels il n'est pas possible de procéder, d'une manière assurée, à l'opération de la fécondation artificielle.

Ainsi, qu'une personne arrive près d'un cours d'eau au temps de la fraie, et qu'elle se propose d'opérer la fécondation artificielle, le livre de M. Coste à la main; comment s'y prendra-t-elle? où trouvera-t-elle des sujets? où cherchera-t-elle la frayère, si elle ignore que la truite remonte toujours les cours d'eau? comment s'en emparera-t-elle, si elle ne sait pas qu'en temps de fraie la truite est peu sauvage et qu'on peut facilement l'approcher? comment saura-t-elle qu'après avoir obtenu les œufs, les avoir fait féconder, il faut plonger les boîtes dans des cours d'eau peu rapides, à telle profondeur, à telle température? Tous ces détails, je les ai cherchés en vain, M. Coste n'en dit pas un mot; c'est toujours de son laboratoire qu'il parle, du haut de sa chaire qu'il enseigne; c'est toujours aux pisciculteurs qui fréquentent son cours, mais qui ne connaissent guère la rivière, qu'il adresse ses préceptes. En un mot, son livre est fait pour les savants, mais non pour ceux qui auraient envie de le devenir en pisciculture. Mais ce n'est pas tout ce que j'ai à reprocher à l'œuvre en question : s'il y a de regrettables lacunes, il y a de non moins regrettables inexactitudes; ne pouvant les relever toutes, je me contenterai d'en signaler quelques-unes.

On lit à la page 17 de l'introduction : « Cependant son

invention (celle de Remy) n'ayant été notifiée qu'à la Société d'Emulation des Vosges, qui décerna à chacun des deux pêcheurs (Remy et Géhin) une médaille d'encouragement, *ne sortit pas de longtemps encore des archives de cette société*; car ce ne fut qu'en 1848 que l'Académie des Sciences fut saisie d'une réclamation en faveur des pêcheurs de la Bresse... » J'en demande pardon à M. Coste, chaque mot de ces lignes est une inexactitude.

En effet, j'ai sous les yeux des pièces qui constatent que dès 1843 *l'administration départementale des Vosges* était prévenue, d'une manière officielle, des travaux du pêcheur Remy et des résultats obtenus par lui, que ce fut cette administration qui saisit la Société d'émulation des renseignements qui servirent plus tard à établir les droits des deux pêcheurs à l'une des récompenses qu'elle décerne chaque année aux découvertes fécondes, aux inventions utiles; et si M. Coste eût voulu se donner la peine de consulter le tome v, 2e cahier *des Annales de la Société*, publié en 1844, il y aurait trouvé, pages 284 et 285, un rapport très-circonstancié sur la *fécondation artificielle*, dont il n'a été question à l'Institut de France qu'en 1848, à l'occasion d'un mémoire de M. de Quatrefages. Or, les *Annales de la Société* sont adressées chaque année à l'Académie des sciences, et si aucun de ses membres n'y a lu le rapport en question, cela ne prouve qu'une chose, c'est que ces Messieurs ne lisent pas tout ce qui leur est adressé, et qu'ils ont dans leur bibliothèque des choses fort curieuses qu'ils ne connaissent même pas.

Toujours est-il que M. Costeest mal fondé à dire que l'invention de Remy *resta longtemps dans les archives de la Société et qu'elle n'en sortit qu'en* 1848, puisque, d'une part, dès 1843, *l'administration départementale, qui représente le gouvernement*, en était instruite, et que d'autre part, en 1844, un rapport à ce sujet, imprimé et rendu public par la seule voie que possède la Société d'émulation, c'est-à-dire par ses Annales, était adressé à l'Académie des sciences. Ainsi tombe l'une des principales objections qu'on ait opposées à Remy pour lui disputer l'honneur d'avoir *le premier en France* retrouvé le secret de faire du poisson vivant. Il est aujourd'hui bien avéré qu'en 1844, un *rapport imprimé* a été publié sur cette découverte et qu'à cette époque, personne, *même à l'Institut*, ne s'était encore avisé d'exhumer de la poudre des bibliothèques ni la *Lettre de Jacobi*, ni le *Mémoire de Goldstein*, dont on a fait depuis tant de bruit.

Je ne puis non plus laisser passer sans y répondre la note qui se trouve au bas de la page 16 de la même introduction. M. Coste y énumère les récompenses qui, suivant lui, ont été accordées à Remy et Géhin, sur les vives instances, ajoute-t-il, de la commission de pisciculture. Je passe condamnation sur ce qui est relatif à Géhin : il est bien vrai qu'il a été doté de tous les avantages indiqués par M. Coste ; quant à Remy, cela demande une explication, la voici. Oui, l'on a accordé à Remy, *le principal, le seul inventeur de la pisciculture*, un bureau de tabac, mais quel bureau, et où? A Saint-Amarin, village de 1200 à 1500 âmes, dans le département du Haut-

Rhin ! En sorte qu'année commune, le bureau de Remy lui rapporte 4 à 500 fr., attendu qu'il n'est pas seul à Saint-Amarin, qu'il y en a un autre, plus ancien et mieux accliente. J'ajoute que, pour jouir de cette faveur du gouvernement, il lui a fallu abandonner sa petite maison de la Bresse, pour aller louer une misérable boutique dans un village, où il est complétement dépaysé, ce qui absorbe la plus grande partie du produit de son bureau et l'oblige en outre à faire chaque année deux ou trois voyages à la Bresse, c'est-à-dire à 20 kilomètres de sa demeure actuelle, car il a conservé là, ses pêcheries et tout l'appareil de son industrie.

Quant aux 1500 fr. dont parle M. Coste, voici là-dessus la vérité: chaque année le ministère de l'Agriculture alloue 2000 fr., comme encouragement ou indemnité, aux deux pêcheurs Remy et Géhin. Pendant les trois premières années ces 2000 fr. ont été partagés entre eux par parties égales; ce n'est que depuis que Géhin a été comblé de faveurs, qu'on attribue 1500 fr. à Remy. Mais, comme je l'ai déjà dit ailleurs, comme je ne cesserai de le répéter, ces 1500 fr. sont purement éventuels : ils sont accordés aujourd'hui, ils peuvent être supprimés demain : je le demande, est ce là ce qu'a mérité Remy? et M. Coste, la main sur la conscience, le croit-il suffisamment rémunéré, surtout si on compare cette mince récompense aux solides avantages assurés à Géhin?

Voilà ce qu'il est bon que le public sache ; voilà ce que M. Coste n'a eu garde de lui dire. Je lis aussi, page 20 de l'introduction : « Si j'en juge par tous les témoignages de bienveillance que je reçois de tous les points de la France *et de l'étranger, par les mesures que les gouvernements prennent à la suite de la publication de mes rapports,* je dois croire que mon intervention n'aura pas été inutile.... » Pour répondre à ces assertions, que je crois quelque peu hasardées, et qui ne laissent pas de témoigner d'une très-vaste confiance en soi-même, je rappellerai seulement deux choses : c'est que M. Ch. Vogt, professeur à l'Académie de Genève, *par conséquent un étranger,* l'un de ces naturalistes qui ont fourni leurs preuves et font autorité, déclare d'une manière formelle, par une lettre rendue publique et reproduite dans la 2e édition de ma brochure (1) que : *on chercherait en vain à citer M. Coste dans l'histoire des travaux scientifiques sur la question de la fécondation artificielle,* et que, quant à l'application industrielle du procédé : *on cherche inutilement la part que le savant académicien aurait prise au développement de cette industrie, un point nouveau qu'il aurait mis en lumière, une extension nouvelle qu'il aurait donnée.* Voilà pour la bienveillance de la part de l'étranger. Quant aux *mesures prises par les gouvernements*, si l'on en croit les dires de M. V. Meunier dans la *Presse* du 8 novembre, la commission chargée par S. M. le roi des Pays-Bas d'importer en Hollande les procédés de pisciculture, après avoir visité la *piscifacture de Huningue* et la *piscine établie à Enghien* par M. Millet, dans le parc de M. le vicomte de Curzay, a

(1) Fécondation artificielle, 2e édition, introduction.

pris pour modèle de ses propres essais, non l'établissement de Huningue, mais celui d'Enghien ; et c'est sur ce dernier que sont copiées la piscine du palais du bois de La Haye et celle du palais de Voos en Gueldre. Ce qui doit prouver, ajoute le spirituel critique, que la commission néerlandaise n'a pas le sens commun.

M. Coste consacre un long chapitre à la description de divers procédés de fécondation artificielle, mais en lisant ces détails il n'est pas difficile de se convaincre que le savant professeur a bien plus l'habitude de la démonstration *ex cathedra*, que celle de la manipulation elle-même, et surtout de l'observation de ce qui se passe dans la nature, au moment de la fécondation des œufs par le mâle.

Ainsi que je l'ai établi, d'après des renseignements positifs émanant de pêcheurs intelligents, et particulièrement de Remy, lorsque le mâle vient sur la frayère pour féconder les œufs qui y sont déposés, il se borne à passer rapidement au-dessus, sans les toucher, et surtout sans les remuer ; le simple contact de l'eau saturée instantanément de laitance suffit à opérer la fécondation : jamais ni le mâle ni la femelle ne s'avisent de retourner ou de remuer les œufs pour mieux assurer leur imprégnation ; si cela eût été nécessaire, la nature, qui a tout prévu, leur aurait donné à l'un ou à l'autre l'instinct nécessaire pour achever leur œuvre commune ; si elle ne l'a pas fait, on doit présumer que cela n'est pas indispensable, et dès-lors, dans l'opération de la fécondation artificielle, on doit se dispenser de toute manœuvre surabondante ; on doit se borner à agiter l'eau au moment de l'éjaculation du mâle, afin d'opérer le mélange intime, la combinaison moléculaire de l'eau avec la liqueur fécondante, opération que fait le mâle par le frétillement très-vif de ses nageoires et de sa queue, mais là doit se borner le rôle de l'opérateur. Toutes les manœuvres conseillées par M. Coste, comme de remuer doucement les œufs avec la main, ou avec les fines barbes d'un long pinceau, me semblent pour le moins inutiles, peut-être même dangereuses, et je n'hésite pas à conseiller de s'en abstenir. Il en est de même de son troisième procédé de fécondation, qui consiste à faire tomber les œufs dans l'eau laitancée d'avance. C'est là un procédé de laboratoire. Mais où M. Coste a-t-il jamais vu un mâle agir ainsi et devancer l'œuvre de la femelle? C'est être encore à côté de la nature que de procéder ainsi, c'est s'exposer à des mécomptes. Encore une fois, imitons la nature, mais ne cherchons pas à faire mieux ou autrement qu'elle, à moins de nécessité absolue. Un peu plus loin d'ailleurs M. Coste se condamne lui-même en indiquant un procédé *qui se rapproche davantage des moyens naturels*, ce sont ses propres expressions; en faut-il davantage pour sanctionner ce que j'ai tant de fois répété dans le cours de cet ouvrage, qu'il faut se contenter d'*imiter la nature* ?

Je ne puis me dispenser d'appeler aussi l'attention des lecteurs sur ces lignes que je trouve page 31 des *Instructions pratiques,* chapitre II, Appareil a eclosion : « L'auteur du mémoire publié par le comte de Goldstein, Jacobi, recommandait, il y a un siècle, de placer les œufs fécondés sur un lit de cailloux, entre lesquels il les disséminait dans de longues caisses de bois grillées à leurs extrémités, *afin d'imiter ainsi ce que font les femelles au moment de la ponte*. Cette méthode, *qui lui a complétement réussi et dont l'application continue de nos jours dans le Hanovre, y a tellement abaissé le prix de la truite, que ce poisson y est devenu une nourriture vulgaire*; cette méthode, dis-je, a été aussi mise en pratique dans ces derniers temps en France par les deux pêcheurs de la Bresse, qui, au lieu de caisses grillées aux extrémités, se sont servis de boîtes circulaires percées comme des cribles..... »

Ne semble-t-il pas, d'après ces prémisses, que M. Coste va conseiller à ses lecteurs de mettre en usage ce procédé qui a si complétement réussi en Hanovre, que la truite y est devenue une nourriture vulgaire ! Eh bien, pas du tout, il le condamne, et veut-on savoir pourquoi ? Parce que *ce qui est bon pour des expériences restreintes*, ou à l'origine d'une industrie, peut présenter des inconvénients... Comment? ce sont des expériences restreintes, celles qui ont pour résultat de baisser tellement le prix de la truite en Hanovre, que ce poisson y est devenu une nourriture vulgaire?... Je ne souhaite qu'une chose à M. Coste, c'est que les expériences assurément fort peu restreintes de Huningue et celles du collége de France abaissent un jour tellement le prix de la truite en France, que cette nourriture y devienne vulgaire comme en Hanovre : ce jour-là, je ne trouverai plus une seule objection à faire. En attendant, laissons-lui produire du poisson à 4 ou 5 fr. la livre, et tenons-nous-en aux procédés d'éclosion des pêcheurs de la Bresse ; ce sont ceux qui conduiront le plus tôt au but de la pisciculture, qui est de produire du poisson à bon marché.

Dois-je m'arrêter à ce que dit M. Coste, page 42 de son livre, en parlant de la manière dont les œufs s'ouvrent et dont l'embryon se dégage par des efforts réitérés? J'avais avant lui dépeint les phénomènes qui se passent alors, et j'avais dit, *d'après Géhin*, que les débris de la pellicule de l'œuf rompu par le poisson servaient à former les nageoires, etc. Mais M. Coste prétend, lui, que cette pellicule qui a protégé le développement de l'embryon, *ne sert à former aucun de ses organes*, et il a soin de souligner cette assertion. Je ne la conteste pas ; j'y suis d'autant moins disposé que cela importe assez peu au résultat de l'opération et encore moins au succès de la pisciculture, que je ne crois pas avoir compromis en répétant, d'après Géhin, une chose qui, après tout, peu fort bien être inexacte. Passons donc, et voyons quelques lignes plus bas si M. Coste lui-même, tout professeur et académicien qu'il est, ne peut pas aussi commettre des erreurs : « Certaines espèces, dit-il, tels que le brochet et le ferrat, se mettent presqu'aussitôt à vaguer dans le milieu où ils viennent d'éclore ; d'autres, au contraire, comme *les saumons et les truites, alourdis par une énorme vésicule ombilicale, ne peuvent se mouvoir qu'avec difficulté*, restent couchés sur l'un des flancs ou sur la vésicule ombilicale même...... » N'en déplaise à M. Coste, c'est là une erreur et une erreur très-grande. J'ignore sur quelles espèces de truites ont porté ses observations, mais celles que j'ai vues éclore sous mes yeux, vu, de mes propres yeux vu, ce qu'on appelle vu, étaient d'une vivacité extrême aussitôt après leur naissance. Il est bien vrai qu'elles se tiennent d'habitude et de préférence sur le gravier placé au fond du vase, mais à tout moment, surtout si on agite ce vase, la petite truite s'élance à la surface de l'eau avec la rapidité d'une flèche, nage quelques instants avec une rapidité extrême et, comme fatiguée de cet exercice, regagne bientôt le fond du vase. Si *les truites du collége de France* ne se conduisent pas ainsi, c'est qu'elles sont mal élevées ou que, nées de parents obèses et trop bien nourris, elles participent elles-mêmes des inconvénients de cette obésité maladive. J'affirme ce que je viens de dire pour l'avoir vu cent fois ; mais je n'insiste pas davantage, parce qu'en définitive cela importe peu au succès de la pisciculture, but principal de mon livre.

J'ai gardé pour la dernière une observation plus sérieuse et qui porte sur un point trop important pour que je ne lui donne pas tout le développement qu'elle exige. A la page 50 des *Instructions pratiques*, au chapitre de la nourriture des jeunes poissons, M. Coste, après avoir énuméré les divers modes d'alimentation proposés ou essayés, et avoir recommandé de nettoyer de temps en temps les vases ou récipients quelconques contenant les poissons nouveau-nés, pour éviter les inconvénients qui résulteraient pour eux de l'amas des détritus provenant des matières alimentaires, ajoute ces mots, sur lesquels j'appelle 'attention toute spéciale de mes lecteurs : « J'ai pensé que cet inconvénient qui, sans une surveillance assez active, peut avoir de graves conséquences, serait facilement évité si, au lieu de *proie morte*, on pouvait fournir aux jeunes du saumon et de la truite *des proies vivantes*. Quoique les résultats que j'ai obtenus en agissant dans cette voie ne soient pas encore consacrés par une longue pratique, cependant ils me paraissent assez concluants pour devoir être rapportés... » Suit le récit de quelques expériences qui ont conduit M. Coste à faire manger *du brochet à ses élèves*. Il termine par ces mots : « *Je n'hésite donc pas à recommander ce moyen d'alimentation comme un des plus convenables, des plus en rapport avec ce qui se passe dans la nature* et des plus appropriés aux appétits des jeunes salmones.... »

Ces lignes que j'extrais textuellement du livre de M. Coste ont été publiées en 1853. Or, voici ce qu'on lit dans un rapport fait en 1852, à la Société philomathique, par M. de Quatrefages, au nom d'une commission composée de MM. Ch. Martins, Brown-Sequard, C. Robieu et de Quatrefages..... « A ces poissons carnassiers (les « truites de Remy et Géhin) il fallait une nourriture ap- « propriée à la fois à leur âge et à leur instinct. Ce « problème assez difficile fut également résolu à la suite « d'expériences fondées sur l'observation.

« MM. Remy et Géhin avaient vu les petites truites se « nourrir, au moment de leur naissance, de la substance « comme mucilagineuse qui entoure les œufs. Il songè- « rent d'abord à leur fournir une nourriture analogue et

« eur donnèrent du frai de grenouille, ce qui réussit fort « bien. Quand les truitons, devenus un peu plus forts, « demandèrent une nourriture plus substantielle, leurs « éleveurs eurent d'abord recours à la viande hachée.... « Mais plus tard *ils recoururent à un procédé bien plus « ingénieux et qui mérite réellement l'épithète de* SCIEN- « TIFIQUE *: pour nourrir leurs petites truites, ils semè- « rent à côté d'elles, d'autres espèces de poissons plus « petites et herbivores. Celles-ci s'élèvent et s'entretien- « nent elles-mêmes aux dépens des végétaux aquati- « ques. A leur tour elles servent d'aliment aux truites « qui se nourrissent de chair. Dans la rivière de MM. « Remy et Géhin, tout se passe donc maintenant comme « dans la nature entière. Ces pêcheurs sont arrivés à « appliquer à leur industrie une des lois les plus géné- « rales sur lesquelles reposent les harmonies naturelles « de la création animée.* »

Ces deux textes que je mets en regard, je prie MM. Coste et de Quatrefages de les mettre d'accord, car l'un détruit l'autre; et il ne me paraît guère possible d'admettre que M. Coste ne connût pas le rapport de M. de Quatrefages au moment où il n'a pas craint de s'attribuer le mérite d'avoir imaginé de donner aux jeunes truites *une nourriture naissante.* Il faut qu'enfin l'on sache à qui l'on doit ce procédé ingénieux qui, d'après M. de Quatrefages, mérite l'épithète de SCIENTIFIQUE. La date milite, il est vrai, en faveur des pêcheurs de la Bresse ; mais la chose vaut la peine qu'on l'éclaircisse, et nulle obscurité ne doit rester sur un point aussi important.

Quoi qu'il en soit, je ferai remarquer que le procédé de Remy et Géhin devrait toujours l'emporter sur celui de M. Coste, car le savant professeur nourrit ses élèves avec du brochet, ce qui d'abord constitue un régime fort coûteux et peut ensuite n'être pas sans danger; en effet, le brochet étant lui-même carnivore, pourrait bien un beau jour se lasser de son rôle de victime et manger lui-même ses bourreaux; tandis que Remy et Géhin nourrissent leurs poissons nouveau-nés avec d'innocentes ablettes, qui seront d'autant moins disposées à la révolte, qu'elles se nourrissent uniquement de végétaux.

Je n'en finirais pas si je m'attachais à mettre en relief tout ce qu'il y a d'inexact ou de hasardé dans le livre de M. Coste ; je pourrais d'ailleurs me faire accuser d'y mettre de la passion et nuire ainsi au succès de mon œuvre. Je me contenterai donc de répéter en finissant ce que j'ai dit dans le cours de cet ouvrage que, même après le savant ouvrage de M. Coste, l'histoire de la pisciculture est encore à faire. Je n'ai pas la prétention d'avoir comblé cette lacune : je n'ai qu'un but en publiant ce *Guide du pisciculteur*, c'est de rappeler les amateurs et les curieux à *l'imitation de la nature ;* c'est de les empêcher de s'égarer en suivant les errements d'hommes dont le talent, bien qu'incontestable, n'a eu pour effet jusqu'ici que d'obscurcir des faits clairs par eux-mêmes, en les noyant dans un océan d'explications et de procédés purement scientifiques, et de compromettre ainsi dans l'opinion des gens sensés et sérieux la science purement pratique de la pisciculture.

RÉFLEXIONS

à propos de la publicité donnée par M. Coste à la Lettre de Jacobi sur la fécondation artificielle des œufs de saumon et de truite.

On ne connaissait que par ouï-dire la lettre de Jacobi sur la fécondation artificielle des œufs de saumon et de truite. M. Milne-Edvards en avait parlé dans son rapport au ministre du Commerce sur l'empoisonnement des rivières, mais il n'en avait pas reproduit le texte. M. Coste a été plus explicite ; il la donne tout entière à la suite du volume qu'il vient de publier sous le titre d'*Instructions pratiques sur la pisciculture.* Nous savons par lui qu'elle a été adressée de Hambourg, en 1763, à l'éditeur du *Magasin de Hanovre.*

En lisant cette lettre, qui n'a pas moins de 90 années de date, et qui avait reçu, dans un recueil très-répandu alors, une publicité considérable, il se présente tout d'abord à l'esprit une réflexion si naturelle, qu'il n'est personne qui ne se la soit faite. Comment se fait-il qu'à-près un texte si clair, des instructions si précises, une réussite aussi complète, la fécondation artificielle fût pourtant une chose à peu près inconnue en France avant 1848 ? Comment est-il possible que ce fait scientifique si intéressant, dont les résultats présentent tant d'importance, fût tellement ignoré à l'époque dont je parle, que sa reproduction ou plutôt sa réinvention par un obscur pêcheur des Vosges, ait pu être considérée *même à l'Institut de France,* comme une chose merveilleuse, et qu'un publiscite assurément très au courant des découvertes modernes et des applications utiles dont elles sont susceptibles, M. l'abbé Moigno, en parlant des travaux de Remy et de Géhin, qui venaient d'être révélés à l'Académie des Sciences, ait cru devoir le faire en ces termes: *C'est avec une joie véritable que nous venons enregistrer un fait aussi éminemment curieux que pleinement concluant, et ajouter un nouveau chapitre, plus plein encore d'avenir, à ces curieuses études?*

Il est un fait bien avéré, c'est qu'en 1848, M. de Quatrefages, qui alors n'était encore qu'aspirant académicien, a lu, en pleine séance de l'Institut de France, un mémoire sur *les fécondations artificielles appliquées à l'élève du poisson*, et qu'après cette lecture personne, dans la docte assemblée, n'a pris la parole pour dire que le problème posé par M. de Qratrefages était depuis longtemps résolu, et pour revendiquer en faveur de Jacobi la priorité de la solution. Il n'est pas moins avéré, si l'on doit ajouter foi aux compte-rendus des séances de l'Académie des sciences, que le rapport que j'adressai, le 2 mars 1849, à cette Académie, sur les travaux de Remy, que je présentais comme ayant *trouvé le secret de la fécondation artificielle des œufs de poisson*, que ce rapport, dis-je, occasionna une grande surprise parmi les membres, et que personne ne s'avisa alors de lui opposer la lettre de Jacobi, si claire, si précise, et dont la production, sans rien ôter à Remy du mérite de sa découverte, eût eu du moins l'avantage de réduire la question à ses véritables termes et de couper court à toute discussion. Mais ce qu'il y a de bien plus avéré encore que tout cela, c'est que M. Coste n'articula pas un seul mot à cette occasion, que son nom ne fut pas même prononcé dans cette discussion, et que, tout professeur d'embryogénie comparée qu'il fût déjà à cette époque, il ne fut pas même désigné pour faire partie de la commission chargée d'examiner mon rapport, lui qui fut depuis l'âme de la fameuse commission de pisciculture (1).

Voilà des faits que toutes les argumentations du monde ne peuvent ni détruire ni affaiblir. Ce n'est pas la première fois d'ailleurs qu'on s'est étonné du rôle qu'a voulu s'attribuer M. Coste dans les débats auxquels a donné lieu la découverte de Remy et les conséquences théoriques et pratiques qui en découlent ; ce n'est pas la première fois qu'on a fait ressortir ce qu'il y a de vraiment étrange à voir l'empressement que mettent aujourd'hui des savants de premier ordre, M. Coste à leur tête, à accumuler les documents dans le but unique de prouver que, depuis près d'un siècle la fécondation artificielle était *connue* ; tandis que la vérité est qu'en effet la fécondation artificielle avait été *trouvée* par Jacobi en 1763, mais que

(1) Cette commission fut composée de MM. Milne-Edwards, Valenciennes et Duméril.

cette grande découverte était restée depuis cette époque stérilement enfouie dans quelques livres, et y serait vraisemblablement encore, si le simple et obscur pêcheur Remy, en la refaisant *ab ovo* lui-même, sans se douter le moins du monde qu'il faisait du neuf avec du vieux, n'avait appelé l'attention générale sur ce fait si intéressant.

On se demande quel avantage les savants en question, peuvent trouver à redire sans cesse ce qui pour eux n'est que trop connu aujourd'hui, que la fécondation artificielle a été inventée il y a près de cent ans? est-ce pour se faire dire aussi sans cesse que ce sont eux qui l'avaient laissé perdre, et rehausser par-là, la gloire de Remy à l'avoir retrouvée? Si c'est pour cela, ils peuvent s'applaudir, car ils ont parfaitement réussi à mettre en évidence cette regrettable vérité, que malgré la mesure prise par le gouvernement d'instituer un corps savant destiné à *perpétuer les découvertes utiles et à en favoriser l'application pour la plus grande utilité de la société et le progrès des sciences*, il est arrivé pourtant qu'une découverte importante, qui avait reçu, au moment où elle a été faite, une application tellement étendue, qu'en Hanovre, où elle a eu lieu, *où elle est encore continuée de nos jours*, elle a tellement abaissé le prix de la truite que ce poisson y est devenu une nourriture vulgaire; il est arrivé, dis-je, que cette découverte s'est si complétement perdue *en France*, pendant près d'un siècle, qu'au moment où il a été annoncé qu'un simple pêcheur vosgien venait de la faire, ou de la refaire, comme on voudra, pas un naturaliste de France ou du moins de l'Institut ne s'est trouvé en mesure de dire : La prétendue découverte de Remy a été faite il y a près de cent ans : et la preuve, c'est qu'en Hanovre, aux portes de notre pays, elle est pratiquée publiquement et sur une vaste échelle.

Aujourd'hui, pour mieux faire ressortir encore la vérité de ces réflexions, qui ont été faites par tant de personnes et qui ont retenti dans tous les journaux, voilà que M. Coste publie la lettre de Jacobi, et qu'il met ainsi tout le monde en position de se convaincre qu'il n'a eu aucune peine à imaginer tous les procédés qu'il décrit dans ses *Instructions pratiques* comme étant de son invention, attendu qu'ils sont tous contenus dans le document qu'il publie. En effet, le manuel de la fécondation, les soins à donner aux œufs pendant l'incubation, leur éclosion, le transport de l'alevin, tout cela a été décrit par Jacobi, et les changements qu'a cru devoir y apporter M. Coste n'ont servi qu'à faire voir clairement que Jacobi avait tout prévu, et que le plus sage, comme le plus court, est de faire exactement comme il l'indique, si l'on tient à réussir. C'est ce qu'avait fait Remy sans connaître la lettre de Jacobi.

En effet, qu'on relise les *Instructions pratiques* (1) publiées par M. Coste, et qu'on me dise en quoi les procédés qu'il y décrit si minutieusement, diffèrent de ceux que Jacobi décrivait dans sa lettre de 1763. Le moyen dont il se sert pour opérer l'accouchement forcé de la femelle et l'éjaculation du mâle sont les mêmes ; Jacobi renfermait les œufs fécondés dans une auge dont il donne le dessin, qu'il

(1) Page 32.

plaçait dans l'eau courante, et dans laquelle ces œufs

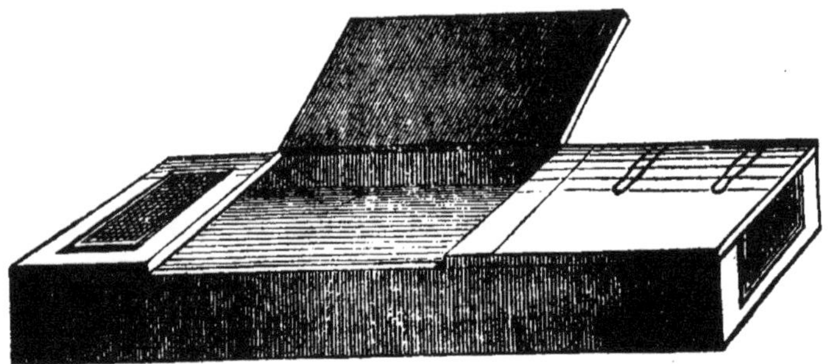

donnaient naissance à de petits poissons après une incubation de six semaines à deux mois. M. Coste dépose les œufs dans une auge à travers laquelle il entretient un

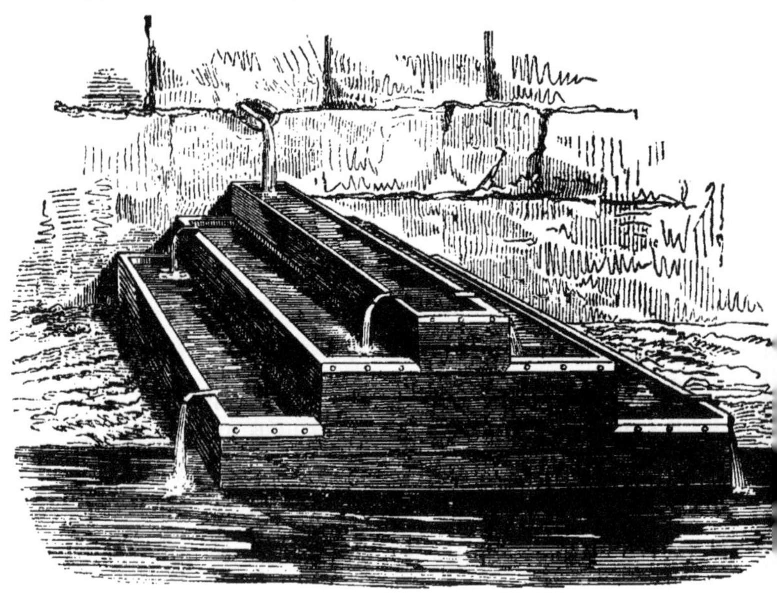

courant d'eau continu, et les œufs arrivent de même à éclosion après six semaines ou deux mois d'immersion.

Jusqu'ici je ne vois pas de différence. Jacobi laissait des petits poissons nouveaux-nés six semaines dans la boîte qui avait servi à les faire éclore, après quoi il les laissait s'échapper d'eux-mêmes dans une pièce d'eau préparée exprès, ou, s'il voulait les transporter dans une eau convenable pour les y faire grossir, il les recueillait délicatement avec un vase quelconque, il les *pêchait* dans le récipient où ils étaient nés, et, à l'aide d'un entonnoir, il les faisait passer dans une bouteille, qui servait à les transporter partout où l'on voulait. Qu'a fait de mieux M. Coste? Au lieu de mettre des petits poissons en bouteille, il se propose de faire transporter partout dans des bateaux-réservoirs. Le moyen est plus grandiose, il est vrai; mais en quoi diffère-t-il essentiellement? Celui de Jacobi est même d'un usage plus général ; il est du moins à la portée de plus de monde : les bateaux-réservoirs sont bons pour un établissement princier comme celui qu'on voulait faire à Huningue ; mais quel pisciculteur pourrait se les permettre? En quoi donc consiste en réalité le rôle de M. Coste dans tout ce qui concerne la pisciculture? de quels perfectionnements lui est-on redevable? quels progrès a-t-il fait faire à cette science si intéressante?

D'abord, il faut le reconnaître, M. Coste n'est pas intervenu dans la question à l'époque où elle a été posée à l'Académie des sciences par le mémoire de M. de Quatrefages et *par mon rapport* sur la découverte des deux pêcheurs vosgiens. M. Milne-Edwards lui-même ne prononce ce nom, dans son rapport à M. le ministre du commerce, qu'à propos de je ne sais quelles expériences sur les anguilles, et certes il n'eût pas manqué de faire mention des travaux de M. Coste en fécondation artificielle, si à cette époque le savant professeur du collége de France eût eu quelque titre à une mention dans un rapport officiel. On en peut donc conclure qu'en 1849, M. Coste était absolument étranger à la pisciculture ; et, en effet, ce n'est que depuis cette époque que M. Coste a essayé de se glisser parmi les experts en pisciculture, et que, grâce aux moyens de publicité dont il dispose, il est parvenu à s'y créer une assez belle position.

Cependant, en examinant la chose de près, on est bien obligé de reconnaître que son rôle se réduit à bien peu de chose, et qu'il ne doit la célébrité qu'il a su acquérir en pisciculture qu'à l'immensité des moyens mis à sa disposition par le gouvernement, et surtout aux réclames des journaux. Veut-on savoir ce qu'en pense la Presse scientifique ; je trouve dans le numéro du 7 mai 1853 du journal le *Siècle*, les lignes suivantes, écrites à propos d'un de ces retentissants rapports dont M. Coste régale de temps en temps les lecteurs du journal officiel du gouvernement, le *Moniteur* ; je les reproduis sans y rien changer :

« Parce qu'un membre de l'Académie, professeur au « collége de France, a trouvé l'abondance des truites et « des saumons chose de son goût, ce qu'on n'a pas de « peine à croire ; parce que, profitant des expériences de « ses devanciers, il a fait sur l'ovotechnie quelques es- « sais de laboratoire à son collége, tels que de sembla- « bles essais peuvent être, et qu'il a eu la bonne fortune

« d'obtenir ensuite du pouvoir les moyens d'entreprendre « sur une échelle beaucoup moins exiguë de la piscifac- « ture expérimentale, dans un établissement nouveau « de ce genre, placé sous sa direction près de Hunin- « gue (que tout le monde, et nous les premiers verrons « prospérer avec la plus vive satisfaction); parce que « M. Coste, doué, dit-on, à un assez notable degré, des « heureuses facultés du génie méridional, est arrivé, « avec une rapidité peu commune, aux hautes positions « qu'il occupe, d'où il voit sans doute à un étage un peu « bas les deux pauvres pêcheurs, devait-il, dans son long « rapport sur la pisciculture, si rempli des détails apolo- « gétiques de ses propres œuvres, laisser aussi complète- « ment dans l'ombre qu'il l'a fait, en une pareille matière, « les noms de ceux qui l'ont portée si loin ; qui, malgré de « précieux documents antérieurs dus à d'autres, et quel- « ques essais, peuvent être considérés comme les créa- « teurs, chez nous, de cette nouvelle branche de l'ex- « ploitation des ressources alimentaires de l'élément « liquide, dans l'intérêt des populations? On conçoit à « la rigueur qu'en regard de grandes espérances, préoc- « cupé de l'idée de doter des fleuves considérables, tels « que le Rhône, de truites et de saumons qu'ils n'ont ja- « mais eus, et de refaire ainsi le monde aquatique, à no- « tre profit, *un peu mieux que ne l'a fait la nature*; on « conçoit, disons-nous, qu'en face de telles perspectives « si facilement éblouissantes, on puisse oublier deux « noms dans le récit d'une campagne où l'on a le premier

« rôle. Mais ce que nous ne concevons pas, c'est que « M. Coste *vienne s'attribuer les procédés mêmes trou-* « *vés par M. Remy*, ou par l'expérimentateur allemand ; « qu'il vienne se glorifier de *découvertes qu'il n'a pas* « *faites*, et cela devant des membres qui savent très-« bien ce qui en est, qui l'ont imprimé, et qui se taisent. »

On voit par cette citation, signée *Ph. Blanchard*, que d'autres ont écrit avant moi un jugement sévère sur l'aplomb méridional avec lequel M. Coste s'érige en docteur ès-pisciculture de son autorité privée, et s'attribue sans autre cérémonie un rôle qui ne va ni à sa taille ni à ses travaux antérieurs, et cela *coram populo*, c'est-à-dire en face de ses confrères de l'Académie des sciences, qui restent muets et se contentent d'applaudir du bonnet.

Mais j'en reviens à mes trois questions : qu'a fait jusqu'ici M. Coste en pisciculture pour le prendre sur un ton si haut? De quels perfectionnements lui est-on redevable ? Quels progrès a-t-il fait faire à cette science si intéressante? Je reprends et je dis : *Qu'a fait jusqu'ici M. Coste en pisciculture?* M. Vogt, assez bon juge en la matière, si l'on en croit M. Milne-Edwards lui-même, qui met son nom à côté du nom européen d'Agassiz, M. Vogt déclare qu'il n'a rien fait ; qu'*on chercherait en vain son nom dans l'histoire des travaux scientifiques sur cette question*. Ai-je besoin d'aller plus loin et de rappeler que M. Coste n'a figuré ni au congrès scientifique de Mayence, ni à celui de Strasbourg en 1840, époque à laquelle M. Vogt a fait part aux naturalistes réunis dans ces deux villes de ses travaux d'embryologie et des essais de fécondation artificielle qu'il avait faits dès 1839? N'était-ce pas là pourtant une magnifique occasion, pour un professeur d'embryogénie comparée au collége de France, de faire connaître ses travaux, lui qui dit, à la page 18 de l'introduction à ses *Instructions pratiques*, que la question d'application du procédé de la fécondation artificielle *rentrant naturellement dans le cadre habituel de ses études*, il lui a semblé qu'il se trouvait en mesure de concourir efficacement à l'organisation de la nouvelle industrie, en mettant à son service son laboratoire? Ainsi il est bien établi que jusqu'en 1849, époque de mon rapport à l'Académie des sciences sur la découverte de Remy, le nom de M. Coste n'a pas même été prononcé à propos de la pisciculture.

De quels perfectionnements lui est-on redevable? Ici les titres de M. Coste sont nombreux et incontestables; c'est lui qui a imaginé de spermatiser l'eau avant d'y verser les œufs (1), et de mettre ainsi ce qu'on appelle vulgairement la charrue devant les bœufs. C'est lui qui a *perfectionné* l'appareil à éclosion de Jacobi, tout en déclarant que *l'application du procédé de ce naturaliste a si complétement réussi en Hanovre, et abaissé tellement le prix de la truite dans ce pays, qu'elle y est devenue une nourriture vulgaire* (2). C'est lui qui a imaginé de déposer les jeunes poissons sur des claies ou dans des

(1) *Instructions pratiques sur la Pisciculture*, pag. 28.
(2) *Ibid.*, pag. 32.

corbeilles d'osier (1) ; ce qui les fait merveilleusement périr en grand nombre. C'est lui aussi qui a eu l'heureuse idée de faire éclore de jeunes truites dans des eaux de source chaude (2); tandis qu'on sait, ou du moins qu'on croyait savoir jusqu'ici que la truite ne se plaît et ne se reproduit que dans les eaux vives, courantes et froides. Voilà déjà bien des titres à la reconnaissance des pisciculteurs, mais ce ne sont pas les seuls que puisse faire valoir M. Coste ; c'est surtout à propos de ma troisième question qu'ils apparaissent dans tout leur éclat.

Quels progrès M. Coste a-t-il fait faire à la piscicul ture ? Pour répondre à cette question je n'ai que l'embarras du choix, et, pour ne pas trop accumuler les citations, je me bornerai à rappeler le chapitre des *Instructions pratiques* relatif à la nourriture des jeunes poissons : c'est là que le savant professeur a surtout manifesté cette tendance irrésistible à faire autrement que la nature, sous prétexte de mieux faire, et à vouloir à toute force détourner les jeunes poissons des préférences de leurs instincts, en les nourrissant avec toutes sortes d'aliments, particulièrement la pâtée de viande hachée, ce qui leur fait prendre, il est vrai, un développement très-notable en peu de temps, mais ce qui les fait inévitablement périr (3), tant ils mettent d'obstination à ne pas se laisser détourner. Je dois dire en passant que M. Coste a la modestie

(1) *Instructions pratiques sur la Pisciculture*, page 33.
(2) *Ibid.*, pag. 43.
(3) *Ibid.*, pag. 48.

de ne pas s'attribuer la substitution de la pâtée cuite à la pâtée crue employée primitivement ; il laisse ce mérite à M. Chantrant, chargé de surveiller les éclosions au collége de France (1) ; mais lui, M. Coste, a eu l'idée bien autrement heureuse de nourrir ses élèves avec du brochet fraîchement éclos (2) ; et tout naturellement il se félicite beaucoup de cette innovation, qui laisse bien loin derrière elle le modeste procédé de Remy et Géhin, qui ne donnent à leurs nouveau-nés que de simples ablettes. Quant à la question d'invention du procédé de la nourriture vivante, bien qu'elle soit tranchée par M. Coste, en sa faveur bien entendu, j'ai cru devoir faire ailleurs mes réserves dans l'intérêt des pêcheurs vosgiens, auxquels M. de Quatrefages l'attribue sans hésitation, en le qualifiant de scientifique.

En vérité, lorsqu'on a lu tous ces détails dans un livre qui porte pour titre : *Instructions sur la Pisciculture*, on est réduit à se demander ce que veut, ce que prétend M. Coste en publiant ces instructions : est-ce pour qu'on les suive ? Mais quel est donc l'éleveur de poissons qui s'avisera de nourrir les produits de ses éclosions avec des substances comme celles qu'indique le professeur du collége de France ? A quel prix lui faudrait-il donc vendre ses élèves, je ne dis pas pour y trouver du bénéfice, mais pour y retrouver ses déboursés ? Si c'est à titre d'essai, d'expérience de laboratoire que M. Coste présente de pa-

(1) *Instructions pratiques sur la Pisciculture*, pag. 48.
(2) *Ibid.* pages 50 et 51.

reils résultats, je n'ai rien à dire, sinon que je le défie de réussir en s'obstinant à détourner les poissons des préférences de leurs instincts; mais si c'est à titre de procédé industriel, je ne conseille à personne d'adopter le mode d'alimentation qu'il propose, attendu qu'industriellement parlant, on ferait là un pauvre commerce. Qu'on donne aux élèves de la pâtée de viande cuite ou du brochet vivant, il n'y aura pas moyen de s'en tirer, à moins de vendre la truite 5 fr. la livre, ce qui n'est guère le moyen de la rendre aussi commune qu'en Hanovre et d'en faire une nourriture vulgaire.

N'en peut-on pas dire autant des dispendieux moyens de production imaginés par M. Coste? Il ne cesse de se faire grand honneur d'avoir décidé le gouvernement à élever à grands frais l'établissement de Huningue, qu'il a appelé fastueusement une piscifacture; eh bien, à quoi a servi jusqu'aujourd'hui cette piscifacture? Qu'a-t-elle produit? Quelle influence a-t-elle exercée sur la production du poisson ? La livre de truite a-t-elle baissé de 5 centimes depuis sa fondation? La consommation en est-elle devenue vulgaire, comme en Hanovre, par exemple, pour ne pas m'éloigner des exemples cités par M. Coste lui-même? Assurément, ni lui ni personne ne pourrait répondre affirmativement à ces questions, et si je dois m'en rapporter à ce qu'on m'écrit des environs même de Huningue, je puis affirmer que la fameuse piscifacture est plus près de la ruine que de la prospérité; que ses succès tant vantés dans les rapports insérés au *Moniteur* n'ont de réalité que dans les colonnes du journal officiel; que non-seulement l'établissement est hors d'état de pourvoir au repeuplement du Rhône, ainsi que cela avait été pompeusement annoncé dans un document public, mais même à la plus simple fourniture ; car tout se borne, aux termes de la lettre qui m'a été adressée, à un bâtiment inachevé, à une suite d'étangs et de canaux sans poissons, à trois ou quatre boîtes ou châssis contenant des œufs, et à une douzaine de petits poissons de 3 à 5 centimètres de long, dont le gardien avait l'air de se moquer lui-même.

Telle était, du moins au printemps dernier, la situation de *ce vaste établissement*, dont la description a fait l'objet d'un si magnifique rapport en date du 7 février 1853, Depuis lors, dit la lettre dont j'ai parlé, on dit que c'est un peu mieux; messieurs les ingénieurs ont dépensé trois ou quatre fois plus que le crédit qui leur était alloué, aussi les travaux sont-ils suspendus ; ce qui n'a pas empêché M. Detzem d'être décoré *pour ses succès* en pisciculture (1).

Il y a loin de là, il faut l'avouer, aux promesses accumulées dans le rapport de M. Coste et à la réalisation du gigantesque programme qu'il contient. Que sont devenus ces convois nombreux qui devaient porter en tous lieux, dans toutes les eaux de France, les innombrables élèves de MM. Berthod et Detzem? où sont notamment ces 600,000 saumons ou truites qui devaient être versés

(1) Cette lettre, signée par un des plus honorables habitants de Mulhouse, est entre mes mains ; je la tiens à la disposition des personnes qui douteraient.

dans le Rhône, *dont ces poissons ne fréquentent pas les eaux*? Au dire de M. Coste, c'était au mois de juin dernier que cette grande expérience devait être tentée : déjà plusieurs fois la presse scientifique a demandé des nouvelles de cette immense entreprise sans pouvoir obtenir la moindre réponse sur un chapitre qui intéresse à un si haut point et les contribuables, qui payent les frais de ces malencontreux essais, et tous les hommes qui s'intéressent à l'avenir de la pisciculture.

Ainsi, non-seulement M. Coste n'a pris aucune part aux travaux scientifiques auxquels a donné lieu la pisciculture, mais, sous le rapport de l'application, au point de vue purement industriel, son intervention a été désastreuse ; suivant la pittoresque expression de M. V. Meunier, il a vendu la peau de l'ours avant de l'avoir mis par terre. J'ajoute que, par les imprudentes promesses échappées à sa verve toute méridionale, il a gravement compromis l'avenir de la pisciculture aux yeux des hommes sérieux, qui ne se laissent pas prendre aux magnificences d'un programme, émanât-il d'un académicien, et ont coutume de juger une chose sur les résultats utiles qu'elle produit. Eh bien, tous ces hommes sont aujourd'hui d'accord pour juger et qualifier sévèrement la manière de procéder de M. Coste en tout ce qui se rattache à la pisciculture; il n'en est pas un qui ne pense qu'il eût fait plus sagement d'attendre les résultats de ses tentatives, de ses expériences, et de n'en parler qu'après qu'ils eussent été obtenus. Il n'en est pas un qui ne blâme, au point de vue de l'avenir de la nouvelle industrie, ces pompeuses promesses qui forment le fond des discours et des rapports de M. Coste, promesses dont pas une ne s'est jusqu'à présent réalisée, et qui au contraire, ont toutes été déçues par les plus déplorables échecs,

Ce sont ces échecs précisément qui ont fait à la pisciculture un tort qui pourrait bien devenir irréparable si l'on n'y prend garde; car, dans l'opinion de bien des gens, du moment qu'on n'a pu réussir avec les puissants moyens mis, avec tant de complaisance et d'abandon, à la disposition de M. Coste et de ses aides, il n'y a guère d'apparence que des pisciculteurs réduits à leurs seules ressources, comme Remy, par exemple, puissent obtenir des succès. Il en faut pourtant, il en faut de bien réels, de bien positifs, pour couvrir toutes les bévues qui ont été commises, racheter la fécondation artificielle du discrédit où elle semble tombée, prévenir la déconsidération qui pourrait l'atteindre, et lui faire prendre enfin la seule voie qui puisse la conduire au but qu'elle se propose, c'est-à-dire aider au repeuplement des cours d'eau, et concourir au rétablissement des richesses ichthyologiques que enfermaient autrefois les fleuves et rivières de France.

Pour atteindre ce but, la marche est toute tracée; abandonner sans retour les procédés dispendieux et hasardés pour revenir à l'imitation pure et simple de la nature; laisser là les programmes ambitieux, les promesses exagérées, pour adopter une méthode en parfaite harmonie avec la tâche qu'on veut remplir. La lettre de Jacobi est pour cela un guide assuré qu'il ne faut pas perdre de vue, c'est jusqu'à présent le meilleur enseignement qui ait été publié ; on en retrouve l'esprit tout entier dans la méthode imaginée par Remy, appliquée par lui et Géhin, et dont je me suis efforcé de ne pas m'éloigner en écrivant le livre que j'offre aujourd'hui au public. Qu'il me soit permis de le dire en terminant, ce n'est pas le moindre titre de gloire de Remy, ce n'est pas ce qui le recommande le moins à l'attention des savants et des praticiens que d'avoir deviné la lettre de Jacobi sans la connaître, d'avoir suivi son exemple sans qu'il lui ait jamais été révélé, et de s'être rencontré avec ce savant naturaliste dans l'application de procédés venant de la même source, puisque tous deux les ont puisés dans le grand livre de la nature.

TABLE DES MATIÈRES.

CATALOGUE

DE LA

LIBRAIRIE CENTRALE D'AGRICULTURE

ET DE

JARDINAGE.

Quai des Grands-Augustins, 41.

NOTA. — Sur les ouvrages composant le présent catalogue, il sera fait une remise de 10 pour 100 lorsqu'ils seront pris au bureau.

Les commandes de 20 à 30 fr. seront expédiées *franc de port* jusqu'au bureau et station des Chemins de fer, des Messageries Générales et Impériales les plus rapprochés de la résidence des demandeurs.

En outre de l'envoi *franc de port* les commandes de 31 à 50 fr., jouiront de la remise de 5 pour 100 et il sera fait une remise de 10 pour 100 sur celles de 51 à 100 fr.

Je me charge aussi de fournir aux mêmes conditions tous les ouvrages qui me seront demandés ainsi que les ouvrages neufs ou d'occasion, d'Agriculture et de Jardinage qui ne sont pas portés sur le présent catalogue.

Ouvrages de M. Robinet,

Membre de la Société centrale d'Agriculture, professeur de sériciculture.

PROCÉDÉ POUR LE BATTAGE DES COCONS. In-8. 1 50

VENTILATION DES MAGNANERIES, in-8. 3 »

QUATRE MÉMOIRES SUR LE MURIER. In-8. 1 50

LA MUSCARDINE, des causes de cette maladie et des moyens d'en préserver les vers à soie, In-8. 3 »

SOIE (*Mémoire sur la filature de la*). in-8, 7 pl. 4 50

SOIE (*Mémoire sur la formatiou de la*). in-8. 1 50

VERS A SOIE (*Education des*). 1 vol. in-8. 4 50

RECHERCHES SUR LA PRODUCTION DE LA SOIE EN FRANCE. 1 vol. in-8. 5 »

Ouvrages de M. Leroy-Mabille.

SUR LE MOYEN DE GUÉRIR LA POMME DE TERRE, par la plantation d'automne et d'en obtenir des récoltes plus abondantes et plus hâtives. Brochure in-8. Prix : 75 c. Par la poste. » 90

LA POMME DE TERRE RÉGÉNÉRÉE PAR LA MATURITÉ, ouvrage appuyé de sept années d'observations. in-8. Prix : 1 fr. Par la poste. 1 80

RECHERCHES SUR LA POMME DE TERRE depuis 1768; sa dégénération et sa régénération progressives prouvées par les faits. Brochure in-8. Prix : 1 fr. 50 c. Par la poste. 1 90

EXAMEN DE LA THÉORIE DE M. PAYEN SUR LA MALADIE DE LA POMME DE TERRE. Brochure in-8. Prix : 75 c. Par la poste. » 90

Ouvrages de M. le comte de Gourcy.

VOYAGE AGRICOLE *en Belgique* et dans plusieurs départements de la France, suivi de quelques articles extraits des journaux d'agriculture anglais. 1 vol. in-8. 3 50

SECOND VOYAGE *en Belgique, en Hollande* et dans plusieurs départements de la France, In-8. 4 50

NOTES EXTRAITES *d'un voyage agricole dans l'ouest, le sud-ouest, le midi et le centre de la France et le nord de l'Espagne*. In-8. 1 50

NOTES AGRICOLES extraites des divers journaux anglais. In-8. 1 50

PROMENADES AGRICOLES dans le centre de la France, In-8. 1 50

AGRICULTURE.

Abeilles (*Manière d'élever et de multiplier les*), par A. LOMBARD, in-18. 50 c.

Abeilles (*Le conservateur ou la culture perfectionnée des*), d'après les méthodes les plus récentes et avec application de celle de Nutt. In-8, avec 3 pl., 1843. 1 50

Agriculture (*Manuel populaire d'*), par M. le comte de VIGNERAL, 1 vol. in-8. 1 25

Agriculture (*Cours d'*), par de GASPARIN, 5 vol. in-8, avec gravures. 37 50

Agriculture (*Cours d') théorique et pratique*, et notice sur les chaulages de la Mayenne, par JAMET. 1 vol. in-12. 3 fr.

Agriculture du centre. Ouvrage où l'on enseigne le moyen de supprimer la jachère et de créer rapidement une grande quantité de fourrages dans les sols siliceux de la plus mauvaise nature, par CANCALON. 1 vol. in-8. 2 50

Agriculture (*l') pratricien*, par V.-P. REY, président de la Société d'agriculture d'Autun. In-12. 2 fr.

Agriculture (*Manuel d'*), par demandes et par réponses, à l'usage des écoles primaires et des propriétaires ruraux, par J. de BRUNO. 1 vol. in-18. 1 fr.

L'abrégé du même ouvrage. 40 c.

Agriculture (*Manuel élémentaire d'*) à l'usage des écoles primaires des départements de la Meuse, de la Meurthe, de la Moselle et des Ardennes, par L. GOSSIN. 1 vol. in-18. 1 fr.

Ouvrage couronné par la Société centrale d'Agriculture.

Agriculture pratique (*Cours complet d'*), par BURGER, PFEIL, ROHLWES, etc.; traduit de l'allemand par NOIROT; suivi d'un traité sur les vers à soie et la culture du mûrier, par BONAFOUS. 1 vol. in-4. 10 fr.

Agriculture pratique (*Préceptes d'*) de SCHWERZ, directeur de l'institution royale de Hohenheim, trad. de l'allem. par P.-R. de SCHAUENBOURG. 4 vol. in-8. 19 fr.

— 1re *Partie*. **Connaissance des terres** en agriculture, etc. 1 vol. 5 fr.

— 2e *Partie*. Culture des **Plantes à grains farineux**, ou Céréales et Plantes à cosses, etc. 1 vol. 6 fr.

— 3e *Partie*. Culture des **Plantes fourragères**, leur récolte, leur conservation, etc. 1 vol. 5 fr.

— 4e *Partie*. Culture des **Plantes économiques, Oléagineuses, Textiles et Tinctoriales**, traduit par M. LAVERRIÈRE. 1847. 1 vol. in-8, fig. 3 50

Agriculture pratique (*Premières notions d'*) pour les jeunes gens, par FAZY-PASTEUR, *Genève*, 2e édit., 1851, 1 vol. in-12, fig. 2 fr.

Agriculture (*Traité élémentaire d'*) par GIRARDIN et DUBREUIL. 2 vol. grand in-18, avec 800 figures intercalées dans le texte. 15 fr.

Agriculture (*Petit cours d'*) ou Encyclopédie agricole, par MAUNY DE MORNAY, contenant les livres du cultivateur, du jardinier, du forestier, du vigneron, de l'économie et administration rurales, du propriétaire et de l'éleveur d'animaux domestiques. 7 vol. in-18. 15 50

Almanach des ménagères et des gastronomes pour 1854, 1re année. in-18. 50 c.

Almanach rural pour 1854, 1re année. 1 vol. in-18. 50 c.

Amendements (*Traité des*), par PUVIS. 2e édit. 1 vol. in-12. 5 fr.

Ampélographie rhénane, ou description des cépages les plus cultivés dans la vallée du Rhin, et dans plusieurs contrées viticoles de l'Allemagne méridionale, par J.-L. STOLTZ. 1 vol. in-4, orné de 32 pl., fig. noires, 15 fr.; — figures coloriées 25 fr.

Annales de la société Séricicole fondée en 1837 pour la propagation et l'amélioration de l'industrie de la Soie en France, 15 vol. in-8. 205 »

Tous les volumes se vendent séparément.

Le tome 1er, 5 fr. Les tomes 2 et 12, 10 fr. chaque. Tous les autres volumes 15 fr. chaque.

Apiculteur (*Guide de l'*), par DEBEAUVOYS, 4e édit. 1 vol. in-12 avec figures. 2 fr

Barème trigonométrique, ou l'*Arpentage rendu facile*, suivi du GUIDE INDISPENSABLE DE L'ARPENTEUR, par GALLET, géomètre. 1 vol. in-12 avec pl. Prix. 5 »

Bétail (*De l'inoculation du*). Opération destinée à prévenir la *pleuro-pneumonie exsudative* des bêtes bovines, par J. M. DE SAIVE, ex-directeur-professeur à l'Ecole de Médecine-vétérinaire de Liége, etc. 1 vol. in-8. 2 fr. 50.

Bêtes à laine (*Manuel de l'éleveur de*). Notions pratiques sur le choix, l'élevage, le bon entretien et les maladies de ces animaux domestiques, par ROCHE-LUBIN. 1 vol. in-12. 2 50

Betteraves (*Traité pratique de la culture des différentes espèces de*), procédé pour les conserver par la dissécation, etc., tr. de l'allem. par SARRAZIN. In-8. 2 fr.

Blé (*18 millions d'hectolitres de*) *pour rien*, ou conseils aux agriculteurs français, par JACQUIN, aîné, in-8. 50 c.

Bœuf (*Art d'engraisser les*), les vaches et les veaux, par BAUDIN. In-18. 50 c.

Bois (*Culture et exploitation des*), par J.-B. THOMAS. 2 vol. in-8. 15 fr.

Bois. (*Des qualités et de l'usage du*) sous le rapport économique et industriel. In-18. 25 c.

Bois (*De la Culture et de l'Aménagement des.*) In-18. 25 c.

Calendrier du bon cultivateur, par Mathieu de DOMBASLE. 9e édit. 1 vol. in-12 avec pl. 4 75

Canards (*Nouvel art d'élever, de multiplier et d'engraisser les*), par F. ROUTILLET. In-18. 50 c.

Canne à sucre de la Martinique (*Recherches sur la composition chimique de la*), par E. PELIGOT. In-8. 1 fr. — Par la poste. 1 20

Catéchisme Agricole à l'usage des écoles rurales, par M. GREFF. Ouvrage approuvé par le Comice agricole de Metz. 3e édit. 1 vol. in-18, cartonné. 50 c.

Cheval (*De la conformation du*) suivant les lois de la physiologie et de la mécanique. — Haras, courses, types reproducteurs, etc., par RICHARD, ancien directeur de l'école des haras. 1 vol. in-8, avec pl. 8 fr.

Chevaux de travail (*Choix des*) ou description de tous les caractères à l'aide desquels on peut apprécier l'aptitude des chevaux aux divers services, par MAGNE, professeur à Alfort. 1 vol. in-18. avec fig. 3 fr.

Chevaux (*Traité du tic des*) et de la vieille courbature (*maladie ancienne de poitrine*) ou procédés simples et pratiques pour guérir ces deux vices par FRÉDÉRIC-BONNEVAL, médecin-vétérinaire. in-12 avec une gravure. 1 25

Chèvres (*L'art d'élever les*) *et de les faire produire*, suivi de la fabrication des fromages. In-18. 50 c.

Chimie (*Leçons de*) **appliquée à l'Agriculture,** par E. Guéranger. 1 vol. in-8. 7 fr.

Chimie agricole ou *l'Agriculture considérée dans ses rapports avec la Chimie,* par Isidore Pierre. 1 vol. in-12. 5 fr.

Chimie agricole (*Eléments de*) et de Géologie, par F. G. Johnston. 2e édit. revue sur la nouvelle édit. publiée à Londres, par Laverrière. 3e édit. in-12. 8 50

Conseils aux agriculteurs sur l'art d'exploiter le sol avec profit, par Dezeimeris. 3e édit. in-12. 5 fr.

Coupes sombres (*des*) et des coupes claires, par J.-B. Thomas. In-8. 50 c.

Cultivateur Aveyronnais (*Guide pratique du*) sur l'hygiène et le traitement des maladies du bétail, par Roche-Lubin. Ouvrage couronné par la Société centrale d'Agriculture de l'Aveyron. 1 vol. in-8. 1 fr. 50 c. Par la poste. 2 »

Cultivateur forestier (*Manuel du*), contenant l'art de cultiver en forêt tous arbres indigènes et exotiques, par Boitard. 2 vol. in-18. 5 fr.

Cultivateur (*Manuel du*) à l'usage des fermes-écoles et des établissements d'instruction, par Lefour, inspecteur général de l'agriculture.

1er vol. Arithmétique et Comptabilité agricole. 1 25
2e vol. Agriculture, 1re partie, Sol et Engrais. 1 25
3e vol. Géométrie agricole. 1 25
4e vol. Animaux domestiques, 1re partie. 1 25

Cuisinière (*La*) **de la ville et de la campagne** ou nouvelle cuisine économique, par L. E. A. 32e édit. 1 vol. in-12 avec 300 fig. 3 fr.

Dindons (*Nouvel art d'élever, de multiplier et d'engraisser les*), par F.-H. Chevassu. in-18. 50 c.

Drainage (*Du*) par M. le comte de Vigneral, in-18. » 75

Drainage (*Instruction sur le*), publiée sous les auspices de la commission hydraulique de la Sarthe. In-12 50 c.

Drainage (*Du*), par Félix Réal. In-18. 25 c.

Droit rural (*Dialogues populaires sur le*), par Jacques Valserres. 1 vol. in-12. 60 c.

Economie rurale, considérée dans ses rapports

avec la chimie, la physique et la météréologie, par BOUSSINGAULT. 2e édit. 2 vol. in-8. 15 fr.

Employé de l'octroi (*Manuel de l'*) contenant des notions sur l'orthographe, l'arithmétique, la géométrie; des examens sur le toisé, des instructions sur la jauge; la législation, le tarif des droits, le contentieux et 35 modèles de procès-verbaux. 2 vol. in-8. 15 fr.

Engrais azotés (*des*) par DE GASPARIN, extrait par GUEYMARD, avec un tableau comparatif de la puissance de 119 engrais. In-18. 25 c.

Engrais (*des*) en général et spécialement de la manière de traiter les fumiers et le purin pour en conserver toute la valeur fertilisante suivie de la manière de traiter les matières fécales, par M. GREFF. brochure in-8. 40 c.

Engrais (*Traité critique et pratique du commerce, du contrôle et de la législation des*), par F. S. de SUSSEX. 1 vol. in-8. 2 fr.

Engraissement du gros bétail et des veaux, porcs, bêtes à laine et volailles, par EVON. 1 vol. in-8. 3 fr.

Engraissement (*Observations et conseils pratiques sur l'*) des veaux, des vaches et des bœufs, par FAVRE D'EVIRE. 1824, in-8. 75 c.

Enseignement de l'agriculture (*Guide de l'*), considérée comme profession, par THAER, traduit par SARRAZIN. 1 vol in-12. 2 50

Faisans (*L'art d'élever et de multiplier les*) par A. VERGUET. in-12, fig. noires, 50 c. — fig. col. 75 c.

Fécondation (*de la*) et de l'éclosion artificielles des œufs de poissons et de l'éducation du frai suivant le procédé de MM. GEHIN, et REMY par GODENIER. In-8. 1 fr.

Fécondation artificielle et éclosion des œufs de Poissons, par le Docteur HAXO. Brochure in-8. 2 50

Fécondation et Éclosion artificielles des œufs de poissons et éducation du frai. In-18. 25 c.

Fumiers considérés comme engrais (*Des*), par GIRARDIN. 5e édit, 1 vol. in-16, avec 11 fig. 1 25

Géologie appliquée aux arts et à l'agriculture, par D'ORBIGNY et GENTE, 1 vol. in-8. 10 fr.

Gibier (*Art de multiplier le*), et de détruire les animaux nuisibles. In-12, 12 pl. gravées. 2 fr.

Hygiène vétérinaire appliquée (*Traité d'*),

étude des règles d'après lesquelles il faut diriger le choix, le perfectionnement, la multiplication, l'élevage, l'éducation du cheval, du bœuf, du mouton, du porc, etc. par MAGNE. 2 vol. in-8. 12 fr.

Industrie (L') sucrière et ses Progrès en 1838, par ÉDOUARD STOLLÉ. In-8. 2 fr.

Instruments d'Agriculture (*Description des*), par A. THAER, traduit de l'allemand par Mathieu de DOMBASLE. Paris, 1821. 1 vol. in-4. fig. 13 fr.

Irrigateur (*Manuel de l'*), par VILLEROY et ADAM MULLER. Suivi du *Code des irrigations*, par BERTIN, avocat. 1 vol. in-8. avec fig. 5 fr.

Landes de Bretagne (*Mise en valeur des*) par le défrichement et par l'ensemencement en bois, par le général de LOURMEL. brochure in-8. 2 fr.

Lapins (*Guide de l'Éducateur de*) ou *Traité de la race cuniculine* par MARIOT-DIDIEUX. In-18. 75 c.

Magnan (*Almanach du*), ou paroles d'un ver à soie aux habitants du midi de la France. 1re année 1854. 25 c.

Maison rustique des Dames, par Mme MILLET-ROBINET. 2e édit., 2 vol. in-18. 7 fr.

Maison rustique du XIXe siècle publiée sous la direction de MM. BAILLY, BIXIO et MALEPEYRE. 5 vol. in-4. avec 2500 gravures. 39 50

Chaque volume se vend séparément. 9 »

Manuel d'Horticulture et d'Agriculture, pour le département de la Gironde, publié sous les auspices des Sociétés d'Horticulture et d'Agriculture de la Gironde, par J. C. RAMEY. 1 vol. in-12. 1 75

Meunier (*Le bon*), ou l'art de bien moudre, par J.-P. MOREAU. Brochure in-8, 2e édit. 1 50

Mouches à Miel (*Traité sur les*), suivi des procédés pour faire le miel et la cire avec divers modèles de Ruches, par L. BONNARDEL. In-8°. 1 75

Moutons (*Nouvel art d'élever, de multiplier et d'engraisser les*), par J. MOREL. In-18. 50 c.

Mûrier (*De la culture du*), par BOYER et de LABAUME. 1 vol. in-8, contenant 5 grav. représentant les divers modes de taille, et les mûriers avant et après chaque taille. 3 fr.

Mûriers (*Instruction sur la culture des*). In-18. 25 c.

Muscardine (*Etudes sur la*) maladie des Vers à Soie faites à la Magnanerie expérimentale de Sainte-Tulle, par F. GUÉRIN-MÉNEVILLE et EUGÈNE ROBERT. 1 vol. in-8. 3 fr.

Oies (*La vraie manière d'élever, de multiplier et d'engraisser les*), par C.-L. BENOIT. In-18. 50 c.

Oiseaux de basse-cour (*Manuel de l'éleveur d'*) et de **Lapins**, par Mme MILLET-ROBINET, 2e édit. 1 vol. in-12 avec gravures. 1 75

Paysans (*Les*) **Français**, considérés sous le rapport économique, agricole, médical et administratif, par ANACHARSIS COMBES, président du Comice agricole de Castres et HIPPOLYTE COMBES, docteur-médecin. 1 vol. in-8. 6 fr.

Pigeons de colombier et de volière (*Nouvel art d'élever et de multiplier les*), par M. BOIS. In-18. 50 c.

Pisciculteur (*Guide du*), d'après des notes et documents fournis par J. REMY, pêcheur de la Bresse, recueillis rédigés et publiés par le docteur HAXO. In-18. 1 50

Planteur (*Manuel du*). Du reboisement, de sa nécessité et des méthodes pour l'opérer avec fruit et économie, par H. de BAZELAIRE. 1 vol. in-12. 1 25

Police rurale (*Manuel de*); ouvrage utile aux fonctionnaires publics et aux propriétaires, par THIROUX, 3e édit., 1 vol. in-18. 2 fr.

Pommes de Terre (*Culture et conservation des*). In-18. 25 c.

Pommes de terre (*Maladie des*). Découverte des causes; révélations des moyens de remédier au mal, études sur la maladie, par LEFEBVRE 1 vol. in-8. 2 50

Porcs (*Art d'élever, de multiplier et d'engraisser les*), par C. BAILLY. in-18. 50 c.

Poules bonnes pondeuses (*Les*) reconnues au moyen de signes certains et indications pratiques pour faire des poulets et des volailles grasses, par L. PRANGÉ, vétérinaire 1 vol. in-12. 1 75

Poules (*Éducation lucrative des*) ou traité raisonné de Gallinoculture, par MARIOT-DIDIEUX, 2 vol. in-12. 4 fr.

Poules (*Instruction sur l'éducation des*), des poulets des chapons et des poulardes. In-12. 25 c.

Poules (*Nouvel art d'élever les*), les poulets et les

chapons, par P. ROUTILLET. 3e édit. in-18. 50 c.

Prairies artificielles (*Essai sur les*), luzerne, trèfle ordinaire, trèfle printanier et sainfoin ou esparcette, par H. MACHARD, 1 vol. in-18. 1 fr.

Prairies naturelles (*Instruction pratique sur la création des*), par BOSSIN. in-8. 1 75 c.

Propriétaire architecte, contenant des modèles de maisons de ville et de campagne, de remises, écuries orangeries, serres, etc.; par U. VITRY, 2 vol. in-4, avec 100 grav. 20 fr.

Proverbes Agricoles du sud-ouest de la France, par ANACHARSIS COMBES. In-8. 1 25

Régulateur général et perpétuel des Boulangeries de France, par THIBAULT, ancien meunier. In-plano. 2 fr.

Ruche française et *éducation des abeilles*, par VAREMBEY. 1 vol. in-8. avec fig. 3 fr.

Sangsues (*Notice sur le marais à*) de Clairefontaine, par E. SOUBEIRAN. In-8. 75 c.

Sol (*Du morcellement du*) et division de la propriété comme conséquence présente et future de la législation sur les partages, par TISSOT. 1 vol. in-8. 1 50

Sucre exotique (*Notice sur les améliorations à introduire dans la fabrication du*), par HOTESSIER. In-8. 1 50

Sucre (*Expériences relatives à la fabrication du*) et à la composition de la canne à sucre, par E. PELIGOT In-8. 2 50

Tarif régulateur et perpétuel pour le commerce des blés et farines. In-8. 1 50

Taupier (*l'art du*), ou méthode amusante et infaillible pour prendre les taupes, par DRALET. 15e édit., 1 vol. in-12, fig. 1 fr.

Terres siliceuses (*Notions sur la culture des*) à sous-sol imperméable, vulgairement désignées par les noms de *terres blanches*, *de terres douces*, *de limons froids*, par Charles GOSSIN. Brochure in-8. 50 c.

Toisé et de la jauge (*Traité complet du mesurage, du*), indispensable aux commerçants et surtout aux négociant en vins, liqueurs, bois, charbons, etc. 1 vol.

in-8, accompagné de 350 tables et 18 planches représentant 120 figures de géométrie, toisé et jauge 6 fr.

Vaches laitières (*Art de choisir les*), par VILLET. In-18. 50 c.

Vaches laitières (*Art de gouverner les*), par VILLET. In-18. 50 c.

Vaches laitières (*Choix des*). Description de tous les signes à l'aide desquels ont peut apprécier les qualités lactifères des vaches, par MAGNE. In-12. 2 fr.

Vaches laitières (*Des moyens de distinguer les bonnes*), par EVON. Brochure in-8, avec fig. 1 50

Vache laitière (*Traité spécial de la*) et de l'élève du bétail, comprenant les meilleures races à lait françaises et étrangères, 2e éd., par COLLOT. 1 vol. in-8. 6 fr.

Vers à soie (*Éducation des*), comprenant l'éclosion des œufs, l'éducation des vers à soie, la formation et la récolte des cocons la conservation de la graine. 2 brochures in-12. 50 c.

Vers à soie (*Education des*). Tableau synoptique de toutes les opérations, jour par jour, de l'éducation des vers à soie, 2 pag. in-fol. 25 c.

Vignes à raisins précoces (*Essai sur la culture des*), par DESLONGCHAMPS. 1 vol. in-12. 1 25

Vigne (*Etude de la maladie de la*), par E. LAPIERRE-BEAUPRÉ. in-12. 1 fr.

Vignes (*Étude sur la nouvelle phase de la maladie de la*), par ETIENNE LAPIERRE. In-18. 50 c.

Vigne (*Mémoire sur la maladie de la*) et sur le moyen curatif, par PASCAL, in-8. » 50

Vigne malade (*Guérison de la*) par un nouveau mode de culture, par l'abbé J.-B. DELPY, membre du Comice agricole de Sarlat. 1 vol. in-8. Prix : 2 fr.

Vigne (*Maladie de la*). In-18. 25 c.

Vinification (*Traité pratique de*) ou guide des propriétaires, vignerons, négociants, etc., par H. MACHARD. 2e édit., 1 vol. in-12. 2 fr.

Vins (*Art d'améliorer les*) et de les guérir des diverses maladies qui peuvent les affecter. In-12. 1 25

Viticulture (*Premières notions de*) et d'œnologie dédiées à la jeunesse des écoles primaires dans les contrées viticoles, par STOLTZ. In-18 accompagné de 19 pl. 90 c.

JARDINAGE.

Almanach (*Petit*) **du Jardinier-Fleuriste** par les rédacteurs de l'Horticulteur français, pour 1854, 1re année. 1 vol. in-18. 50 c.

Almanach (*Petit*) **du Jardinier-Potager** par les rédacteurs de l'Horticulteur français, pour 1854. 1re année; 1 vol. in-18. 50 c.

Arboriculture (*Cours élémentaire et pratique d'*), par A. Dubreuil. 2e édition, comprenant la sylviculture, la viticulture et la culture du mûrier. Paris, 1853. 2 vol. in-18, avec 4 vignettes gravées sur acier et 692 figures intercalées dans le texte. 9 fr.

Arboriculture (*Cours pratique d'*) contenant la manière de tailler les arbres et de les conduire; les semis, et les différentes sortes de greffes à leur appliquer; par L. Gaudry. 1 vol. in-12 avec fig. 2 25

Arbres fruitiers (*Cours théorique et pratique de la taille des*); par Dalbret. 8e édition. 1 vol. in-8, avec 55 fig. grav. 5 fr.

Arbres fruitiers (*De la taille des*), de leur mise à fruit et de la marche de la végétation; par A. Puvis. 1 vol. in-12. 1 75

Arbres fruitiers (*Instruction élémentaire sur la conduite et la taille des*); par Croux. In-8o avec fig. 3 50

Arbres fruitiers (*Pratique raisonnée de la taille des*) et de la vigne; par Cossonet. 1 vol. in-8, avec 21 planches. 5 fr.

Arbres fruitiers (*Taille raisonnée des*) et autres opérations relatives à la culture; par C. Butret. 19e éd., 1853. In-12 fig. 2 fr.

Arbres fruitiers (*Traité de la taille des*), suivi de la description des greffes les plus usitées; par J.-A. Hardy. 1 vol. in-8o avec 52 pl. grav. sur acier. 5 50

Arbres (*Taille des*) en Espalier et en Pyramide, 2 édit., par Ursin Vasseur. Brochure in-8 avec 16 fig. Prix : 2 fr. 50 c. — Par la poste. 2 7

Arbres (*Traité élémentaire de la taille des*), par Ch

RAMEY, ouvrage couronné par la Société d'horticulture de la Gironde, 1 vol. in-12 orné de 32 fig. 1 fr. 50 c.

Asperges (*Instruction pratique sur la plantation des*), par BOSSIN. In-8. 25 c.

Asperge (*Traité complet de la culture naturelle et artificielle de l'*), par LOISEL. 1 vol. in-12. 1 50

Bon Jardinier (*le*), pour 1854, par POITEAU, VILMORIN, DECAISNE, NEUMANN, PÉPIN. 1 vol. in-12. 7 fr.

Bon Jardinier (*Figures de l'Almanach du*); par DECAISNE, membre de l'Institut, professeur de culture, et HÉRINCQ, aide de botanique au jardin des Plantes, 17e édition, ornée de 632 grav. sur bois et 45 planches. 1 vol. in-12. 7 fr.

Botanique (*Cours élémentaire de*); par A. DE JUSSIEU. 5e édit. 1 vol. in-18 avec figures. 6 fr.

Botanique (*Éléments de*), par J.-B. VERLOT. In-18. 50 c.

Botaniste (*Petit manuel du*) et de l'herboriste accompagné de planches explicatives et suivi de quelques principes de médecine, de pharmacie, d'hygiène et d'économie domestique, par L. F., F. M. et P. M. 2e édit. 1 vol. in-12. 1 fr. 75.

Boutures (*Notions sur l'art de faire les*); par NEUMANN. 3e édition, 1 vol. avec 31 figures. 2 fr.

Camellias (*des genres*) **Rhododendrum, Azalea, Acacia, Epacris, Erica,** et des plantes de serres froides en général; par LEMAIRE. 1 vol. in-12. 2 fr.

Culture maraîchère (*Manuel pratique de*); par COURTOIS-GÉRARD. 2e édit. in-12, avec grav. 3 50

La Société centrale d'agriculture a décerné une médaille d'or à l'auteur.

Culture maraîchère (*Cours élémentaire de*), publié sous le patronage de la Société d'horticulture de la Seine; par COURTOIS-GÉRARD. 2e édit. 50 c.

Fécondation naturelle et artificielle (*de la*) **des végétaux et de l'hybridation**, considérée dans ses rapports avec l'horticulture, l'agriculture et la sylviculture; par LECOQ. 1 vol. in-12. 3 50

Fleurs (*Album de*) annuelles et vivaces publié par

livraisons, par VILMORIN-ANDRIEUX. Prix de la liv. 4 fr. 3 liv. sont en vente. Chaque liv. se vend séparément.

Fleurs (*Instructions pour les semis de*), de pleine terre, avec l'indication de leur couleur, époque de floraison, culture, etc, par VILMORIN-ANDRIEUX. 2e éd. in 16. 75 c.

Flore des plantes de pleine terre, ou descriptions et figures des plantes les plus méritantes en ce genre, par MM. TOLLARD frères, horticulteurs.

La *Flore des Plantes de pleine terre* sera publiée en 150 livraisons.

Chaque livraison sera composée de deux gravures et de huit pages de texte, grand in-8. à deux colonnes, imprimés sur papier glacé.

Le prix de la livraison est de 1 fr. 75 c.— Les 1res livraisons sont en vente.

Flore d'Alsace et des contrées limitrophes, par F. KIRSCHLEGER. Tome 1er comprenant les *Plantes dicotyles pétalées*. 1 vol. in-12. 8 50

Flore descriptive et analytique des plantes qui croissent spontanément aux environs de Paris et de celles qui y sont cultivées, par L. COSSON. 1 vol in-18, avec une carte. 13 fr.

Flore (*Atlas de la*) des environs de Paris. In-18 9 fr.

Flore (*Synopsis analytique de la*). 1 vol. in-18. 3 50

Fuchsia (*Le*), son histoire et sa culture, in-12. 1 25

Flore du Dauphiné; par MUTEL. 2e édition, 3 vol. in-16. 13 25

Greffe (*Traité complet de la*), contenant la description de 137 espèces de greffes; par Louis NOISETTE. 1 vol. in-12, avec 6 planches. 2 50

Greffes (*Monographie des*), ou description des diverses sortes de greffes employées pour la multiplication des végétaux, par THOUIN. 1 vol. avec 8 pl. 2 50

Horticulteur français (*L'*), journal des amateurs, etc., publié sous la direction de F. HÉRINCQ.

L'Horticulteur français paraît le 1er de chaque mois, par livraison de 24 pages grand in-8. et de 2 pl. color.

		Paris	Province
Prix de l'abonnement	Pour 1 an, fig. col.	10 f.	11 f.
	— sans fig.	5	6

Jardinage (*Manuel pratique de*), ouvrage spécialement destiné aux amateurs d'horticulture, et contenant tout ce qu'il est nécessaire de savoir pour cultiver soi-même son jardin ou en diriger la culture; par COURTOIS-GÉRARD. 4e édit. 1 vol. in-12. 3 50

Jardinier (*Manuel du*) des primeurs, ou l'art de forcer les plantes à donner leur fruit dans toutes les saisons, par NOISETTE et BOITARD. 1 vol. avec fig. 3 fr.

Jardinier (*Manuel complet du*) maraîcher, pépiniériste, botaniste, fleuriste et paysagiste; par Louis NOISETTE. 2e édit. 4 vol. in-8, et supplément. 30 fr.

Jardinier des fenêtres (*Le*) *des Appartements et des petits Jardins*; 3e édition, entièrement refaite; par Mme MILLET-ROBINET. 1 vol. in-12. 1 75

Jardins (*Traité de la composition et de l'ornement des*), avec 161 pl. représentant, en plus de 600 fig. des plans de jardins des fabriques propres à leur décoration, et des machines pour élever les eaux. 5e édit. 2 vol. in-4° oblong. 25 fr.

Légumes (*Album de*) publié par livraisons, par VILMORIN-ANDRIEUX. Prix de la livraison. 3 fr. 4 liv. sont en vente. Chaque liv. se vend séparément.

Maison de campagne (*La*); par Mme A. ADANSON. 6e édition. 1 vol. in-12, avec figures. 7 fr.

Melon (*Monographie complète du*); par JACQUIN aîné. 1 vol. gr. in-8, avec 33 pl. grav. fig. noires. 7 50
Figures coloriées. 15 fr.

Melons (*Traité complet de la culture des*), avec une nouvelle méthode de les cultiver sous cloches, sur buttes et sur couches; par LOISEL. 3e édit. 1 vol. in-12. 25

Œillets (*Traité de la culture des*); par RAGONOT-GODEFROY. In-12, fig. 2e édition. 1 25

Pelargonium (*Traité complet de la culture des*), des Calcéolaires, des Verveines et des Cinéraires, par CHAUVIÈRE et LEMAIRE. 1 vol. in-12. 2 50

Pêcher (*Annuaire du*); par J. GROSSET. Brochure in-32. 75 c.

Pêcher en espalier carré (*Pratique raisonnée de la taille du*), par Al. LEPÈRE. 1 vol. in-8°, fig. 4 fr.

Pensée (*La*), **la Violette, l'Auricule** ou oreille d'Ours, **la Primevère.** Histoire et culture; par RAGONOT-GODEFROY. 1 vol. in-12 avec fig. col. 2 fr.

Plantes bulbeuses (*Essai sur la culture générale des*), par LEMAIRE. 1 vol. in-12. 3 50

Plantes de terre de bruyère (*Traité pratique pour la culture des*), par V. PAQUET. 1 vol. in 12. 3 50

Plantes *Instructions pratiques sur la culture des*) dans les appartements, sur les fenêtres et dans les petits jardins; par COURTOIS-GÉRARD. 1 vol. in-12, avec fig. 75 c.

Poirier (*Taille du*) **et du Pommier** en fuseau; par CHOPPIN. 1 vol. in-8, fig. 3e édition. 3 fr.

Poiriers *Traité spécial de la taille des*) en quenouilles rangés en 3 catégories selon les espèces et leur fécondité; par LASNIER, in-8° avec pl. 1 fr.

Pomone française (*La*), Traité de la culture et de la taille des arbres fruitiers; suivi d'un traité de physiologie végétale, par LELIEUR, 3e édition. 1 vo. in-8° et 15 planches gravées. 7 50

Reine Marguerite (*Culture de la*), par MALINGRE, horticulteur. Brochure in-18. » 80

Rose (*La*), histoire, culture, poésie; par P.-L.-A. LOISELEUR-DESLONGCHAMPS. 1 vol. in-12, fig. 3 50

Serres (*Art de construire et de gouverner les*); par NEUMANN, chef des serres au Jardin des Plantes. 2e édit. 1 vol. in-4° avec 23 planches gravées. 7 fr.

Thermosiphon (*Pratique de l'art de chauffer par le*) avec un article sur le **Calorifère à air chaud**; par A***. 1 vol. in-4° avec 21 pl. grav. 6 fr

---

OUVRAGES D'OCCASION.

Flore d'Algérie par BORY DE SAINT-VINCENT et DURIEU DE MAISON-NEUVE, publiée sous la direction d'une commission de l'Institut. 3 vol. grand in-4, papier vélin accompagnés d'un atlas de 90 pl. gravées et coloriées (*occasion*). 250 fr.

Herbier général de l'amateur, contenant la description, l'histoire des propriétés et la culture des végétaux utiles et agréables, dédié au roi, par feu MORDANT DE LAUNAY, continué par LOISELEUR-DESLONGCHAMPS, avec figures peintes d'après nature par BESSA, publié par AUDOT de 1817 à 1820. 8 vol, in-4 reliés aux armes du roi Charles X, en 4 vol. veau plein, doré sur tranche *occasion*). 650 fr.

Mollusques de l'Algérie, par DESHAYES, 25 livr. parues. Chaque livr. est composée de 4 à 5 feuilles de texte et 6 pl. col. Prix des 25 livr. (*occasion*). 350 fr.

L'HORTICULTEUR FRANÇAIS

DE MIL HUIT CENT CINQUANTE ET UN

JOURNAL

DES AMATEURS ET DES INTÉRÊTS HORTICOLES

CONTENANT

La Culture raisonnée, la description et l'histoire des Plantes, et notamment des Espèces de pleine terre, des Fruits et des Légumes, la description et l'usage des Instruments nouveaux,

PUBLIÉ

PAR DES AMATEURS ET DES ARTISTES
avec le concours des Horticulteurs

SOUS LA DIRECTION

DE M. F. HERINCQ

RÉDACTEUR EN CHEF

Attaché au Muséum d'histoire naturelle de Paris
Collaborateur du *Manuel des Plantes* et des *Figures du Bon Jardinier*, etc.

Ce Recueil paraît le 1er de chaque mois, par livraison de 24 pages grand in-8°, accompagnée de deux planches gravées et coloriées avec le plus grand soin.

Prix de l'abonnement par an

Figures coloriées :	Paris, 10 fr.;	Départements,	11 fr.
Sans figures	— 5	—	6

LE PORT EST EN SUS POUR L'ÉTRANGER.

FLORE
DES
PLANTES DE PLEINE TERRE
OU
DESCRIPTIONS ET FIGURES
des plantes les plus méritantes en ce genre.

HISTOIRE, ÉTYMOLOGIE ET CULTURE RAISONNÉE

PAR MM. **Tollard** FRÈRES, HORTICULTEURS.

La *Flore des Plantes de pleine terre* sera publiée en 150 livraisons.

Chaque livraison sera composée de deux gravures et de huit pages de texte grand in-8° à deux colonnes, imprimées sur beau papier glacé.

Le prix de la livraison est de 1 fr. 75 c.

Les personnes qui souscriront pour douze livraisons les recevront sans frais à domicile.

Les premières livraisons sont en vente.

PUBLICATIONS ÉTRANGÈRES.

Les abonnements à ces publications sont reçus à la Librairie centrale d'Agriculture, etc.

Belgique horticole (*la*) Journal des Jardins, des serres et des vergers, par C. MORREN, 3e année, publiée par livraisons mensuelles de 2 feuilles in-8 et 2 gravures coloriées. Prix de l'abonnement 15 fr.

Camellias (*Nouvelle Iconographie des*), contenant les figures et la description des plus rares, des plus nouvelles et des plus belles variétés de ce genre, par A. VERSCHAFFELT, horticulteur. 12 livraisons par an. Prix de l'abonnement. 26 fr.

Flore des serres et des jardins de l'Europe. Description et figures des plantes les plus rares et les plus méritantes, nouvellement introduites sur le continent ou en Angleterre, paraissant tous les mois en un cahier grand in-8 composé de 10 planches coloriées et de 32 pages de texte avec gravures sur bois. Ouvrage publié sous la direction de L. VAN HOUTTE. — Prix de l'abonnement. 38 fr.

Jardin fleuriste (*Le*), rédigé par Ch. LEMAIRE et paraissant tous les 15 jours en un cahier grand in-8. composé de 5 pl. col. et 16 pages de texte avec grav. sur bois. 3 vol. ont paru; le 4e en publication. Prix de chaque volume. 28 fr

Journal d'agriculture pratique d'économie forestière, d'économie rurale et d'éducation des animaux domestiques du Royaume de Belgique, par Ch. MORREN. 6e année, publiée par livraisons mensuelles avec pl. cole portraits et grav. dans le texte. Prix de l'abonnement 15 fr.

Pomologie (*Annales de*) publiées par livraisons de planches grand in-8 avec texte, rédigées par MM. De BAVAY, BIVORT, etc. — Prix de l'abonnement, pour 12 livraisons, rendues franc de port :

édition sur papier ordinaire 26 fr.
— grand papier 38 fr.

www.ingramcontent.com/pod-product-compliance
Ingram Content Group UK Ltd.
Pitfield, Milton Keynes, MK11 3LW, UK
UKHW020913180726
13838UKWH00002B/518